PPT设计思维

（实战版）

邵云蛟（@旁门左道PPT） 著

電子工業出版社
Publishing House of Electronics Industry
北京•BEIJING

内容简介

这本书只介绍了必知必会的PPT设计常识：三个PPT设计思维，一个视觉风格公式，四个PPT排版的办法。

这本书采用Before-After 的形式，把修改PPT的过程写出来，不仅分析原稿所存在的问题，而且有针对性地提出解决方案，并附上基于修改思路处理后的PPT页面。

这本书不讲大道理，只讲设计优化的实践，给出思路，让设计落地。

这本书可以让你少走弯路，真正搞定PPT。

图书在版编目（CIP）数据

PPT设计思维：实战版 / 邵云蛟著. -- 北京：电子工业出版社，2020.1
ISBN 978-7-121-37596-5

Ⅰ. ①P… Ⅱ. ①邵… Ⅲ. ①图形软件 Ⅳ. ①TP391.412

中国版本图书馆CIP数据核字（2019）第217238号

责任编辑：张月萍
文字编辑：刘 舫
印　　刷：天津裕同印刷有限公司
装　　订：天津裕同印刷有限公司
出版发行：电子工业出版社
　　　　　北京市海淀区万寿路173信箱　　邮编：100036
开　　本：720×1000　1/16　　印张：14.25　　字数：338千字
版　　次：2020年1月第1版
印　　次：2024年8月第17次印刷
定　　价：69.00元

凡所购买电子工业出版社图书有缺损问题，请向购买书店调换。若书店售缺，请与本社发行部联系，联系及邮购电话：（010）88254888，88258888。
质量投诉请发邮件至zlts@phei.com.cn，盗版侵权举报请发邮件至dbqq@phei.com.cn。
本书咨询联系方式：（010）51260888-819，faq@phei.com.cn。

序言

万事皆有因，在这本书的开头，我想跟你分享一下，我为什么要写这样的一本书。

这要从3年前的一件事情说起，当时我还在读大学，运营着一个有十几万读者的微信公众号，每天分享一篇与 PPT 学习有关的原创文章。

但久而久之，我发现，虽然我每天都在用心地准备一些学习内容，但对一些读者来说，并没有很大的帮助。

这让我觉得，自己的成果没有任何价值。

那为什么会出现这样的结果呢？于是，我跟很多读者聊，能很强烈地感觉到一点，并非文章本身没有价值，而在于当他们在工作中做PPT的时候，并不知道该如何运用这些方法。

那么，该如何让读者在做PPT的时候，想起我分享过的方法呢？

想了几天，我萌生了一个想法，是不是可以把我平时修改PPT的过程和思路，以图文的形式呈现出来呢？

我觉得是可以的，所以，就在自己的公众号上做了一个栏目，叫作“整容计划”，顾名思义，就是通过 Before-After的形式，把修改PPT的过程写出来，不仅分析原稿所存在的问题，而且有针对性地提出解决方案，并附上基于修改思路处理后的PPT页面。

这样的第一篇文章发出来之后，读者一下子就“炸”了，纷纷留言称赞，我记得很清楚的一点是，之前分享的教程平均每篇有100多人点赞，但这篇文章的点赞数达到了史无前例的1000多。

我终于感受到，这是大家想要看到的PPT教程。所以，沿用这个思路，后面我做了第一季“整容计划”以及第二季“整容计划”，读者反馈很好。

这就是这本书的雏形，也是我写这本书的初心，我想让读者通过阅读我写的文字，真正有效地获得 PPT 技能提升。

纵然在很多人看来，PPT 演示呈现只是一项很小的职场技能，但我想说的是，它依旧值得被我们认真对待。

另外，我还想跟你聊一聊，关于这本书内容之外的一些东西。

这本书从立项到真正出版，前前后后耗费了两年时间。中间我创业了，成了一位创业者，帮很多公司梳理了融资路演PPT，也有幸服务了一些国内知名的企业，像腾讯、联想、吉利等，帮助它们优化了很多PPT项目。在这个过程中，我进步了很多，同时也产生了自我怀疑，我写的这些东西，真的能够帮助到很多人吗？

所以，有好多次，我的图书策划人在催我交书稿时，我都在担心自己写得不够好。

为了帮助我打消这些担忧，我们邀请一些读者试读，来听听他们的反馈。好在大多数读者都给了我正面的反馈，也让我有了一些自信，所以，在此，感谢所有参与试读的读者，你们永远是我的靠山。

如果你之前还不了解我，请先去知乎搜索“邵云蛟”，或者关注微信公众号“旁门左道PPT”，先来熟悉一下我的写作思路，也许能够帮助你更加明智地做出选择。在此感谢我的图书策划人姚新军（@长颈鹿27）先生，谢谢你，你给了我很多的建议和帮助，没有你，就没有这本书。

关注“旁门左道PPT”微信公众号，回复：PPT设计思维，即可下载本书配套资源。

最后，希望大家在阅读这本书的过程中，能够有所启发，有所收获。

邵云蛟

目录

Chapter 01

第1章

掌握这三个PPT设计思维轻松搞定幻灯片

1.1 整体性思维

对于PPT演示设计制作而言，虽然从字面上理解，它更像一个“设计”过程，但其实不然。因为，设计只是其中的一个环节而已，一个完整的演示设计流程，还包含前期的内容规划及后期的演讲排练。所以，掌握一套PPT演示设计的完整流程，可以更好地规划相应的时间及明确各阶段的准备重点。

那么，一套PPT的完整设计流程是什么样的呢？按照相应的阶段，将它分成下面所述的几个步骤。

设计制作前的准备有以下内容。

明确演示目的

就笔者接触到的很多需要进行PPT演示的人而言，95%的人会忽略这一步，但其实你知道吗，这一步非常重要。

为什么这么说呢？因为一场有效的PPT演讲，是需要观众听完演讲后，付出一些行动的。比如：

- 如果做的是一场产品发布会，那么，可能希望观众听完演讲之后去下单。
- 如果是一场公司内部会议，可能想要让领导听完你的演讲后，给部门更多的资源支持。
- 如果做的是一场关于拖延症的演讲，那么可能希望观众听完之后，去克服拖延症。

……

而那些失败的演讲，可能正好相反，观众听完演讲就跟没听一样。相信很多人都听过类似的演讲，我们完全不清楚演讲人想要传达什么信息。

所以，第一步，要先来明确演示目的。这里需要注意的是，演示的目的一定要具体。

什么意思呢？比如“演讲结束后，我希望领导能投入300万元支持这个项目”，或者“希望演讲会结束后，15%的观众能加入我们公司”。

也就是说，学会用一些指标来衡量你的演讲效果。

演讲目的不能含糊其辞，因为这会难以衡量最终的演讲效果是否满意。比如不能希望“通过这次演讲，我想大家能够更理解我们的产品”，因为没有人能够明确，达到什么程度，才算是大家理解了我们的产品。

准备演示内容

这一步，必须要基于演示目的而来，如果目的不够明确，那么将很难准备合理的演讲内容。

来看个例子。

比如，演示目的是：我希望演讲结束后，领导能为设计部门更换新的电脑设备。

很具体，对吗？那么，为了达到这个目的，需要拿出什么样的理由来说服领导呢？

比如，可以说：

理由一：电脑设备性能较差，极大地影响了设计师的工作效率。

理由二：未来的一段时间，设计部门将参与公司更多的项目。

理由三：目前公司的电脑已经过了设备正常运转期限，需要更新。

明白了吗？这就是从目的出发来确定内容。

在这里，简单补充一点，就是在准备演讲内容时，尽量确保内容与观众有一定的关联性，或者是与观众的利益有关，这一点在商务演讲中非常重要。

什么意思呢？比如说公司为什么要给我们部门提供资源支持呢？

理由可以是：我们是公司的主要盈利部门，有了更多资源支持，能够帮助公司获取更大的利益。

当然，关于到底应该如何去准备一份有说服力的演讲内容，接下来会具体谈到，在这里就不多进行说明了。

梳理演讲结构

当罗列出相关的演讲内容要点之后，接下来就要思考应该用什么样的方式把内容“串”起来，从而以一种更加有逻辑的方式表达出来。相信你见过很多的演讲者，虽然他们为一场演讲准备了很丰富且很有价值的内容，但是由于结构混乱，导致我们很难理清楚他的演讲所表达的逻辑。

一般而言，最简单的一个方法就是金字塔式的结构。

比如，今天要讨论的是“企业为什么要裁员？”的问题。那么，内容就可以从以下三方面来说：

第一，有效降低企业运营成本。

第二，清理企业内部“问题”员工。

第三，帮助企业顺利度过困难期。

当然，除了这个结构，还有其他的结构，在1.2节会详细介绍。

完成演讲稿

相信大多数人都不是演讲的天才，所以，为了能够避免因演讲时产生的紧张情绪而导致忘词或者演讲不流畅，在演讲之前，请务必把要讲的内容，以文字稿的形式先写出来。千万不要怕麻烦，因为更麻烦的还在后面。

了解幻灯片制作的规范

这一步的主要目的是了解一下需要把幻灯片做成什么样。分享一个笔者经历的事故，有一次受某峰会论坛邀请，为演讲嘉宾包装设计幻灯片，其中一位嘉宾“私自”完成了自己的幻灯片，等到了排练的那天下午却发现，峰会演讲所使用的屏幕尺寸为2.35∶1，但自己的幻灯片比例却是4∶3，当幻灯片放映出来时几乎惨不忍睹，所以，不得不临时进行修改。

因此，在开始设计幻灯片之前，如果不是在自己熟悉的场地进行演讲，请一定要提前了解设计规范，可以从场地规模、屏幕尺寸、屏幕类型、观众属性、放映软件及其版本信息来了解。

在制作幻灯片前，下面表格中的内容可以帮助我们更好地了解基础信息。

需要了解的问题	示例答案
放映屏幕类型	LED屏幕
放映屏幕尺寸	2.35∶1
会场容纳人数	300人以内
会场观众属性	以集团代理商为主
放映软件类型	PowerPoint
放映软件版本	2013版
放映环境明暗	较为明亮

完成PPT页面信息的提炼

在前面的过程中，已经让大家完成了演讲稿，但并不是说要把演讲稿内容逐句地摆放在PPT页面上，这是非常错误的做法。因为书面表达的形式，并不适合演讲表达。所以，到这里就需要把演讲中的关键信息，注意，一定是关键信息，而非全部信息，放在页面上。

这里就有了一个信息提炼的过程，在第3.4节会有讲解。

准备相关的素材内容

到这一步之前，我们所准备的还只是纯粹的文字信息，但这在很多时候，并不具备非常有效的说服力，甚至在很多时候，远不能打动观众。因此，在幻灯片的制作中，还会用到一些图片或图表数据等，以更好地辅助演讲的表达效果。

所以，在这里需要将它们收集起来，放到相应的页面上。

确定幻灯片的设计风格

直到这一步，才需要开始考虑幻灯片的设计效果。要记住一点，设计是为了更好地对演讲内容进行呈现，是为了更好地辅助演讲表达。这一步主要确定幻灯片的字体、背景及色彩。在第2章会具体进行讲解，但在这里，先简单提示一下，幻灯片的设计风格一定要保持统一，统一，再统一，这是总的原则。

就像这样：

来自蔚来汽车PPT模板设计规范

规划幻灯片的版式布局

通俗点来说，就是对每一页的内容进行排版，这要求我们掌握基本的设计规范，你不用成为专业的设计师，但是，有些低级错误，还是需要明确和避免的。因此，让页面的内容，以一种更加美观的方式呈现出来，就需要掌握必知的一些版式布局技巧。

进行多次演讲排练

当把所有的内容及幻灯片准备完之后，排练试讲也是一个很重要的环节，确保演讲内容和幻灯片能够对应起来。

这个环节可能需要进行很多遍，所以，不要怕麻烦。

上面就是PPT演示设计制作的完整流程，我们需要从整体的角度去考虑，有了纵观全局的思维，才能更好地搞定PPT。

1.2 结构化思维

对于PPT演示来讲，这本质上是一个信息传达的艺术。

不管是工作汇报、学术分享还是商业路演，虽然它们的表达形式和传达内容千差万别，但都是信息传递的过程。

而既然牵扯到信息之间的传递，那就不得不面对两个问题：一是传递什么内容，二是以何种方式传递。前者是我们大脑中所沉淀下来的想法，那么，该如何将它们清晰有条理地分享出来，就需要后者结构的支撑。而这，也是为什么建议大家一定要具备结构化思维的原因。

那什么是结构化的思维呢？

网络上很多人给出的解释是这样的，当我们面对一个问题的时候，通过采用某种结构，把它拆分成一个个小的模块，然后逐一解决。

很抽象，对吗？

可以这样理解，所谓结构化思维，就是在PPT演示表达中，按照一定的条理，把要表达的内容讲清楚。

为了方便理解，下面举一个实际的案例。

Facebook的CEO扎克伯格，在清华经管学院做过一次演讲，他分享的话题是“改变世界”。那他是怎么讲的呢?

他利用三个故事，讲了三部分内容，分别是:

- 为什么要创立Facebook? 因为人与人之间的连接很重要。
- 如何做好Facebook? 有了明确的使命，不断朝着目标前进。
- Facebook能为世界带来什么? 能为世界带来改变，提高人们的生活质量。

对，就是这三个故事，串起了他整场演讲的结构，并且把演讲所要传递的核心观点表达了出来。

这就是所谓的结构化思维。

那当明白了什么是结构化思维之后，相信大家也能感受到，这里的一个重要词语叫作结构。

那么，都有哪些结构模型能够更好地支撑我们的演讲表达呢?

1.2.1　金字塔结构

这是PPT演讲中最常用的一种结构形式，可以理解为是总分结构。它来自一本叫作《金字塔原则》的书，主要是在讲表达的逻辑。这种结构的特点，就是结构清晰，且容易掌握。

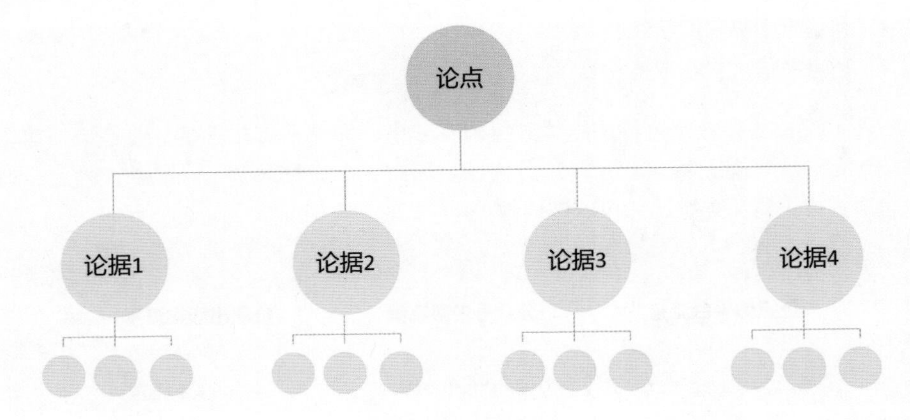

很多产品介绍或产品发布会的结构，都是这一种，比如在华为荣耀 Magic 2手机的发布会上，它的演讲结构就是典型的金字塔式。

怎么讲的呢？主要分为4个方面，分别是：外观、智慧、能力、拍照。

且在每一个方面下面，都会有相应的小点来具体论证。

这样层层嵌套的结构，就构成了一整套PPT的演示逻辑。

不过，这里有一点需要注意，当使用金字塔结构时，所要表达的点不能过多，一般来讲尽量不要超过4点，那么，可以采用分类总结的方法，将其归为4大类别，因为这会便于观众记忆。

什么意思呢？举个例子，比如要分享的内容是“高效获取公众号粉丝增长的7个方法”，内容包含：

- 从知乎获取粉丝
- 从头条获取粉丝
- 从微博获取粉丝
- 从百度获取粉丝
- 利用朋友圈获取粉丝
- 利用出版物获取粉丝
- 利用微信广告获取粉丝

不得不说，如果按照这样的结构进行内容分享，即便干货非常多，但是请相信，出了会场的门，大家就已经忘记了一部分内容，因为太多，且太杂了。所以，最合适的方法，是对内容进行归类，比如可以这样做：

泛媒体平台流量	公众号内部流量	纸质出版物流量
从知乎获取粉丝 从头条获取粉丝 从微博获取粉丝 从百度获取粉丝	利用朋友圈获取粉丝 利用微信广告获取粉丝	利用出版物获取粉丝

也就是把类型相同的内容归结在一起，这样便于观众记忆。

1.2.2　黄金圈结构

这个结构来自西蒙·斯涅克在TED上的一场演讲，颠覆了很多人常规的思维方式。为什么这么说呢？因为很多人思考的方式，都是从外向内进行的，即做什么，如何做，以及为什么做。而黄金圈结构则正好相反，它是从内向外不断扩散的一种结构。

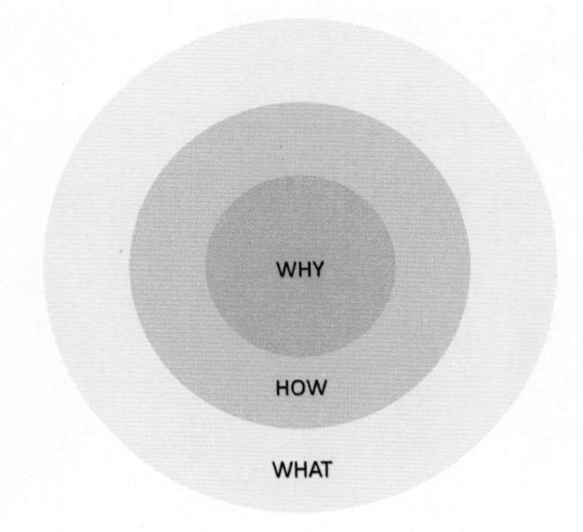

什么意思呢？就拿西蒙演讲中的案例来说，苹果公司的介绍是怎么样的呢？

> Why：我们做的每一件事情，都是为了突破和创新。我们应该以不同的方式思考。
> How：我们挑战现状的方式是通过把产品设计得十分精美、使用简单和界面友好。
> What：我们只是在这个过程中，做出了最棒的电脑。

明白了吗？在表达一件事情时，先把原因说出来，因为能打动别人的，恰恰是你的信念，你之所以要做这件事情的理由。

那么，在实际制作PPT的过程中，该如何利用黄金圈结构来创建演示的框架呢？下面来看笔者之前曾经为某出行品牌设计的PPT，这份PPT是怎么说的呢？

> Why：我们为什么要做这样一家出行企业？
> - 用户出行的基本诉求远远没有被满足。
> - 目前，出行企业的商业模式存在问题。
> - 我们希望能够为用户提供更好的出行体验。
>
> How：我们是如何做的呢？
> - 我们研发了一套智能出行控制系统。
> - 我们重新整合了司机侧的运力来源。

> What：我们的服务，都有哪些特点呢？
> - 出行更有安全感。
> - 高峰时期不溢价。
> - 车内环境体验更佳。

这就是黄金圈结构，如果想要做的事情与大多数人内心的信念吻合，那么，使用这种结构，更容易打动人心。

1.2.3 时间轴结构

听名字也知道，这是一个以时间轴为主的结构，在进行演讲表达时，需要有一条非常清晰的时间轴，并且，在整理这些信息内容时，需要按照这些时间关系进行排序。

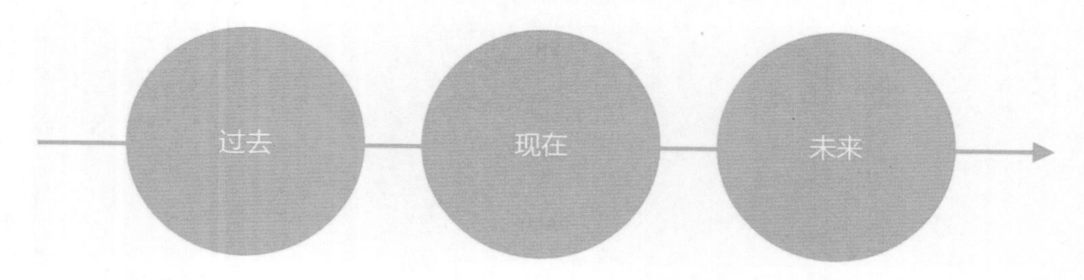

下面举个例子。

比如笔者曾为某传统电商企业的CEO设计过一套PPT，主要分享企业转型的必要性。他的演讲结构，就是典型的时间轴结构：

> 过去7年：我们是如何发展起来的？
> - 因抓住电商红利期，获得第一桶金。
> - 多种因素的加持，促进了企业的快速成长。
>
> 现在：对当前市场形势的分析。
> - 平台的流量逐渐消失，流量获取成本过高。
> - 变革转型，是整个电商平台的趋势。
>
> 未来：关于企业转型的展望。
> - 变则通，不变则败。
> - 抓住未来的机会，能为企业注入更多活力。

这就是典型的基于时间顺序的演讲结构。

当然，具体选用哪一种结构，还需要从内容本身出发，没有统一的标准答案。希望以上关于结构化思维的内容，能够对读者有所启发。

1.3　可视化思维

对于PPT设计师而言，必须掌握的一项能力就是可视化设计。通俗点说就是，把一些抽象的、难以理解的内容，用一种更加清晰的方式呈现出来。这一点非常重要。因为对于大多数的PPT演讲来说，其目的是说服，而如果观众难以理解你所表达的内容，那么在说服效果上，很有可能大打折扣。

举个简单的例子，比如公司新推出了一款充电宝，现在要做一场招商发布会。而对于这款充电宝来说，其最大的特点就是小巧，且电量充足。那么，现在问题来了，应该如何在PPT中，把产品小巧的特点给展示出来呢？

对于很多的PPT而言，普遍的做法是堆积参数，把产品的具体尺寸写出来，用具体的数值来呈现这个特点。但我想要告诉你的是，如果你要面向的观众是普通人，那么千万不要这样做，因为99%的人对参数是无感的，当我们听完一个参数后，很难形成一种直观的认知。当然，如果你的观众是研发人员，可能就另当别论了。

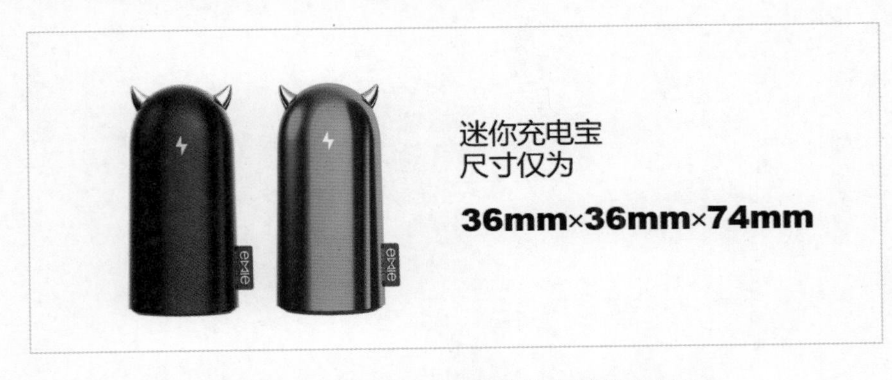

那么，如何用一种可视化的方式，把它小巧的特点展现出来呢？

可以这样来做，把它与一款大众熟知的事物建立关联，比如把它与一款口红建立关联：

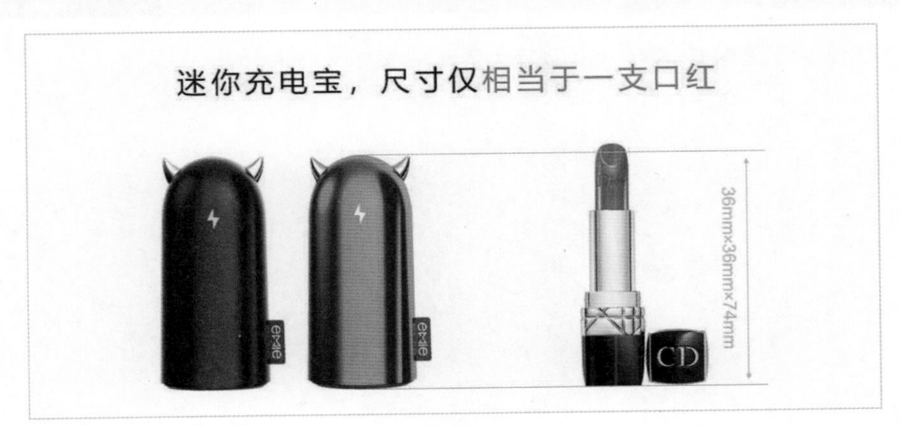

我相信，如果你能采用这种方法，它所取得的效果，绝对比堆积参数好十倍。那为什么这种方式会更容易理解呢？其背后的原理，将会在下面的内容中分享出来。

这就是可视化的重要性。那么，在PPT设计中，都有哪些常见的可视化的方法呢？按照不同的用法，可以将它们分为两大类。

一类是：视觉呈现的可视化；另一类是：语言表达的可视化。

1.3.1 视觉呈现的可视化

这种方法的特点，更多的是借用一些可视化的设计形式，借用一些图形或者图片来将抽象的内容更清晰地展示出来，适用于抽象内容含义的可视化。

比如展示页面上多个部分的内容之间的关系：

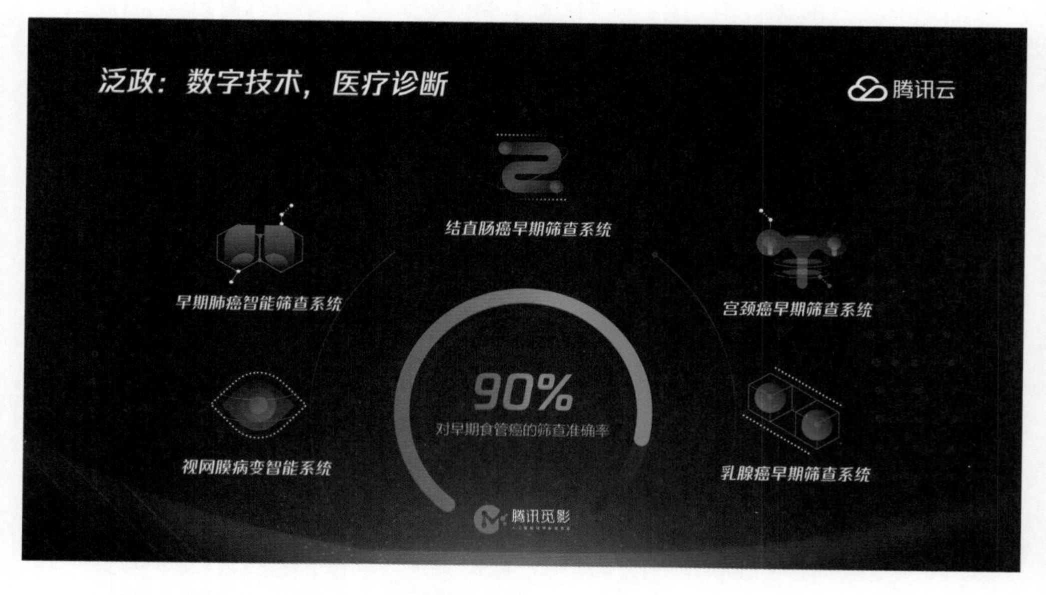

再比如为了呈现出内容之间的逻辑关系：

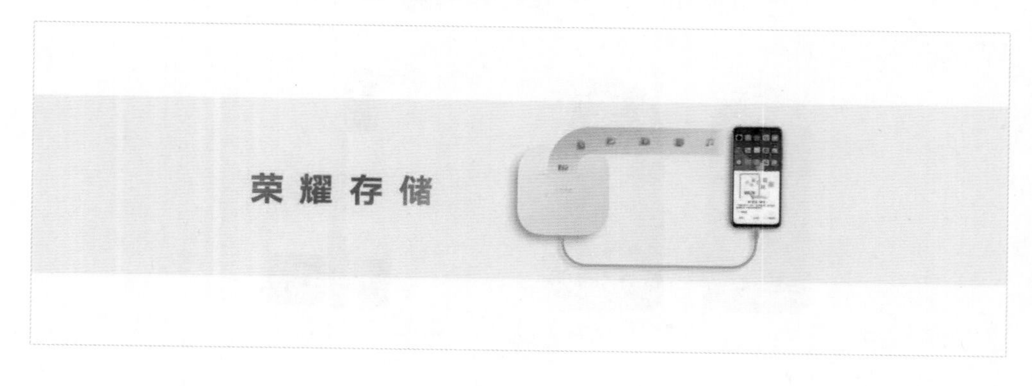

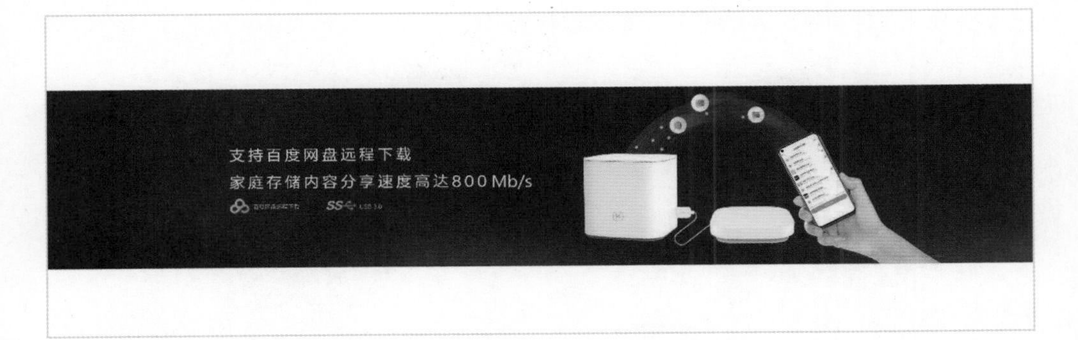

或者是展示一种特定的视觉场景：

而想要完成视觉呈现的可视化，有两个常见的技巧。

借助PPT中的形状，绘制复合图形

利用SmartArt提供的形状，可以把内容之间的一些抽象关系，像循环、层级、递进等，呈现出来。简单举一些例子。

比如为了表示一个品牌的3个不同方面，可以使用维恩图进行展示：

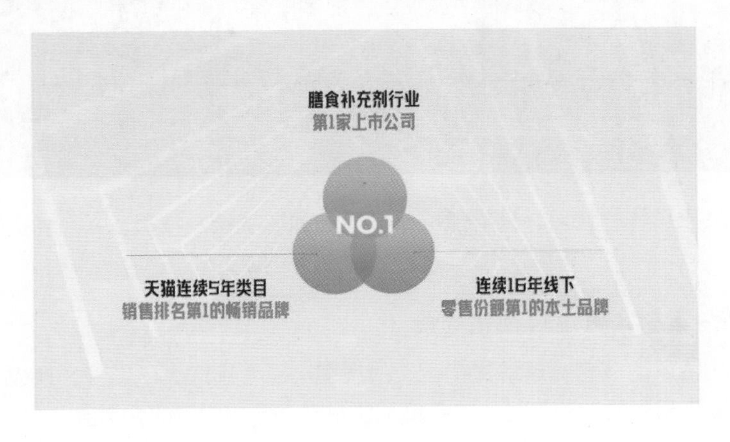

在软件自带的SmartArt图形中，就可以找到：

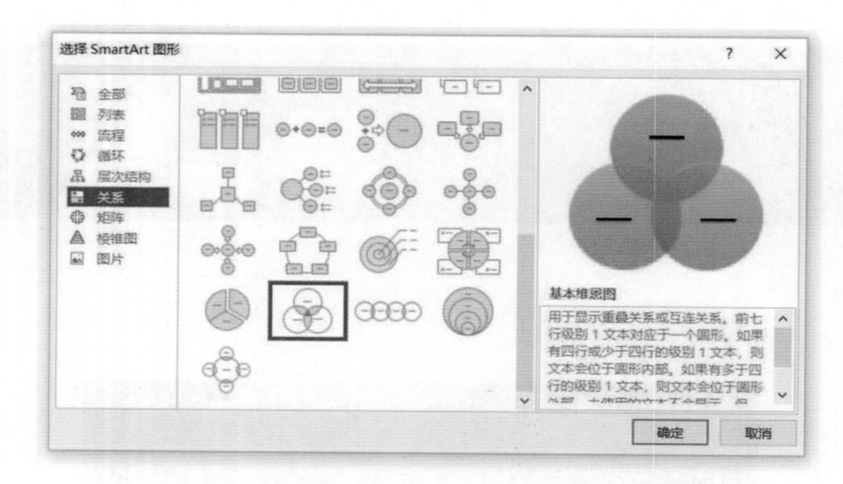

再比如，为了能够体现出“物理”和“数字”两个不同方面之间的循环关系，可以使用箭头进行呈现：

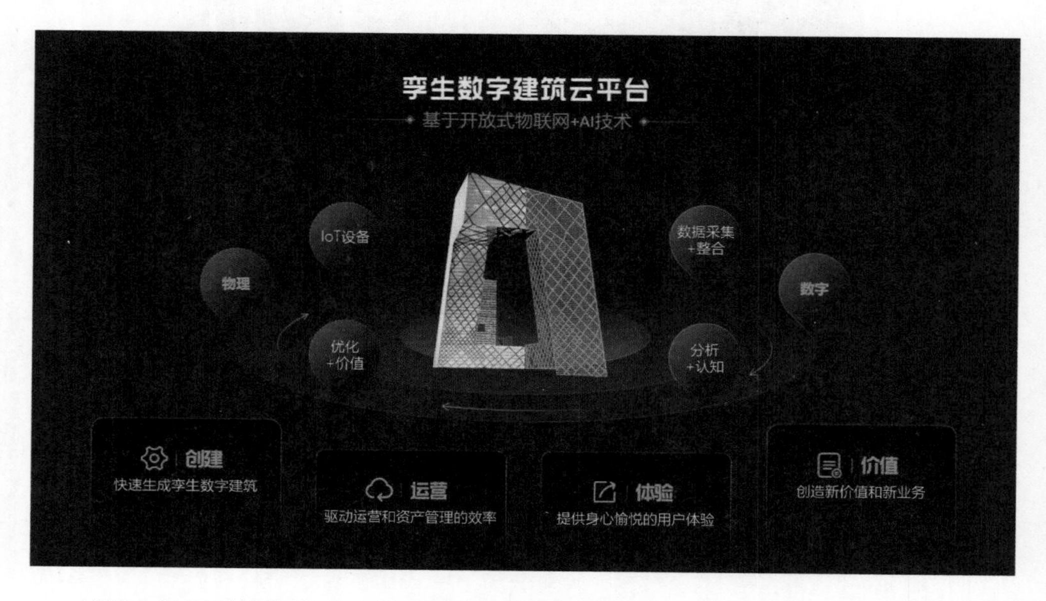

当然，关于形状的使用，只要能够掌握基础的形状绘制技巧，即可做出各种有创意的逻辑图形。

借助图片素材，营造可视化场景

对于有些抽象的概念，理解文字含义的难度可能会远远大于图片，所以，如果能够挑选一张与内容相关的图片素材，就会更加便于观众理解内容的含义。

比如像下面这页PPT，为了体现出“带劲”这一概念，可以选择迪厅的图片，以此营造出这种视觉场景：

再比如为了能够体现出“高速场景”，可以选择车流不息的高速路场景：

1.3.2　语言表达的可视化

就像前面引出的那个案例，当想要体现出产品小巧的特点，单纯把一些数据变成可视化的图表，其实意义不大。而这时候，就需要在语言表达上借用一些可视化技巧，将相关的特点呈现出来。这里，有两种不同的方法。

类比

这是最常用的一种可视化技巧，如果担心观众难以理解某种新概念，或者是难以感受到某种特性，那么，从观众熟知的一些事物中找出一个类比物，会让他们更容易理解。比如前面提到的用口红和充电宝的小巧进行类比。因为在大众的认知中，口红的体积普遍较小，当我们说充电宝的体积与口红相差无几时，观众就能够更加清晰地感知充电宝的体积。

再比如，如果让我们去介绍小米的生态模式，可能很多人会很难说清楚，但小米联合创始人刘德曾做过一个类比，就非常具有可视性，他说小米的生态模式是什么呢？是“遥控器电商”。

为什么这么说呢？

因为小米的智能家居有很多设备，电视机、路由器、门禁、电饭煲、扫地机器人、空气净化器等，它们都可以用一个统一的APP来控制。这个APP就相当于所有小米家居产品的遥控器。于是，这个遥控器就变成了一个非常大的入口。

当然，除此之外，这个技巧在很多产品发布会中经常被用到，下面举几个例子。

比如为了能够体现手机电池的续航能力强，与其写出参数，不如转换成手机使用场景的具体时长：

再比如为了能够体现产品的音质较好，可以选择能够体现音质好的事物与之类比：

再比如，罗振宇曾经讲过一个人工智能的案例，它叫Watson，曾经救过一位日本的女性白血病患者，它的救命方式是用10分钟读完了2000万份医学文献，给出了一个有效的医疗建议。2000万份医学文献，堆起来大约4km高。什么概念呢？深圳的腾讯大厦高193m，4km至少相当于20座腾讯大厦摞起来。

明白了吗？这就是把抽象的概念与熟知的事物关联起来。

具体

把一些大而空的概念，变成某种非常具体的行为，也会更加容易让别人理解，这一点在领导讲话或者政府报告中经常可以用到。

现在看一个非常经典的案例，比如像下面这段话，你能理解它在表达什么意思吗？

> 我们的任务是通过团队革新和航天战略计划部署成为世界太空业的先驱者。

不能，对吗？但为了能够让观众更加容易地理解演讲者所要表达的愿景，美国前总统肯尼迪的表达方式是什么样的呢？

> 在这一个十年实现把人送上月球并安全返回地面。

明白了吗？

再比如，如果一位领导说了这样一段话：

> 企业应以用户体验为核心，提高用户满意度，在外延需求方面也能提供良好的消费体验。一个企业在进行产品或服务规划时，考虑的消费需求越全面，对应的功能性规划或服务规划越细致，质量标准越具体，往往能够带给消费者越好的用户体验。

可能很多人听到类似的演讲都会一头雾水，到底什么才是好的用户体验呢？如果转换成每一个人都能听得懂的语言呢？可以这样说：

很具体吧？上面所述就是在进行PPT设计中，经常会用到的可视化技巧。当你在做一份PPT时，可以反思一下，对于PPT页面上比较抽象的概念，是否用一种可视化的形式将它呈现出来了呢？你的PPT页面，具有画面感吗？

如果没有，一定要记得，可以拿这些方法去优化一下。

Chapter 02

第2章

只需一个公式，建立幻灯片视觉风格

对于幻灯片视觉设计来说，大多数人追求的，是怎么把它做得更好看，但是不建议你去这么想。诚然，美观的设计是我们都喜欢的，但什么样的设计才是好看的呢？这可能没有一个统一的标准。

所以，建议大家在设计幻灯片的视觉风格时，能够从**视觉特征和视觉一致**的角度去思考。

先来解释一下，什么叫作“视觉特征”。

简单来说，就是要把幻灯片做成什么样，再通俗一些地说，就是要把PPT做得“像”一种特定的风格。

比如公司汇报用的PPT，我们想把它呈现出商务风，就像这样：

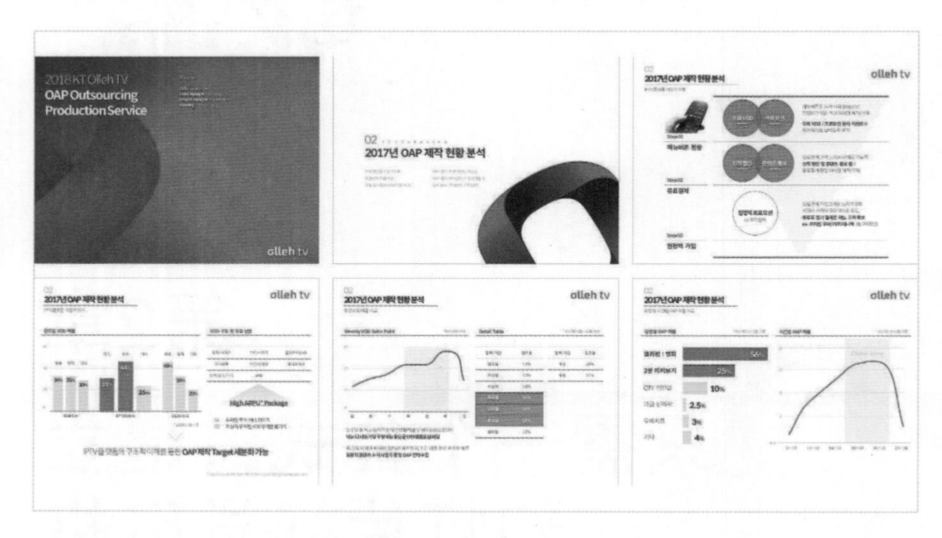

而关于科技产品的发布会，我们可能想要呈现出科技感，类似这样：

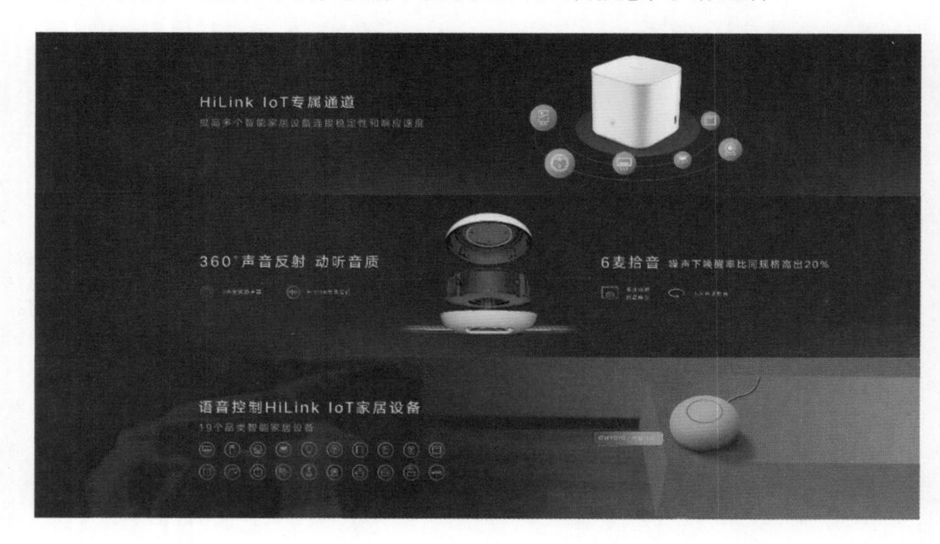

当然，除此之外，有一些幻灯片的视觉特征还和行业相关。

比如有人会问，医疗风格的PPT该怎么做？金融风格的PPT该怎么做？

这些问题的本质都是在问，该如何构建一套幻灯片的视觉特征。

接下来看看什么叫视觉一致。

与海报、展板等平面设计类型不同的是，一套幻灯片往往是由多个页面组成的，相信读者也没遇到过只做一页幻灯片的情况，对吗？

所以，就需要考虑一整套幻灯片风格的一致性。

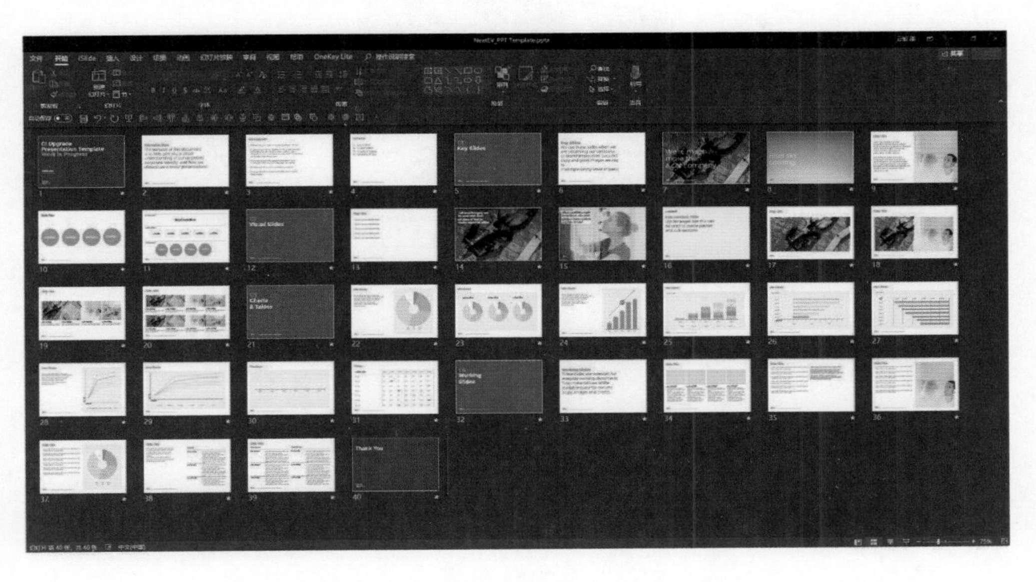

那么，该如何站在视觉特征和视觉一致的角度，来为幻灯片设计视觉风格呢？

2.1　一个幻灯片视觉风格的公式

基于多年的幻灯片设计制作经验，笔者总结了一套公式，如果你不知道该如何构建幻灯片的视觉风格，可以参考公式进行。

这个公式就是：

风格 = 背景 + 色彩 + 字体 + 素材

为了便于读者理解，在这里先举几个例子。

比如像这样的一套PPT，它的视觉风格是如何构成的呢？

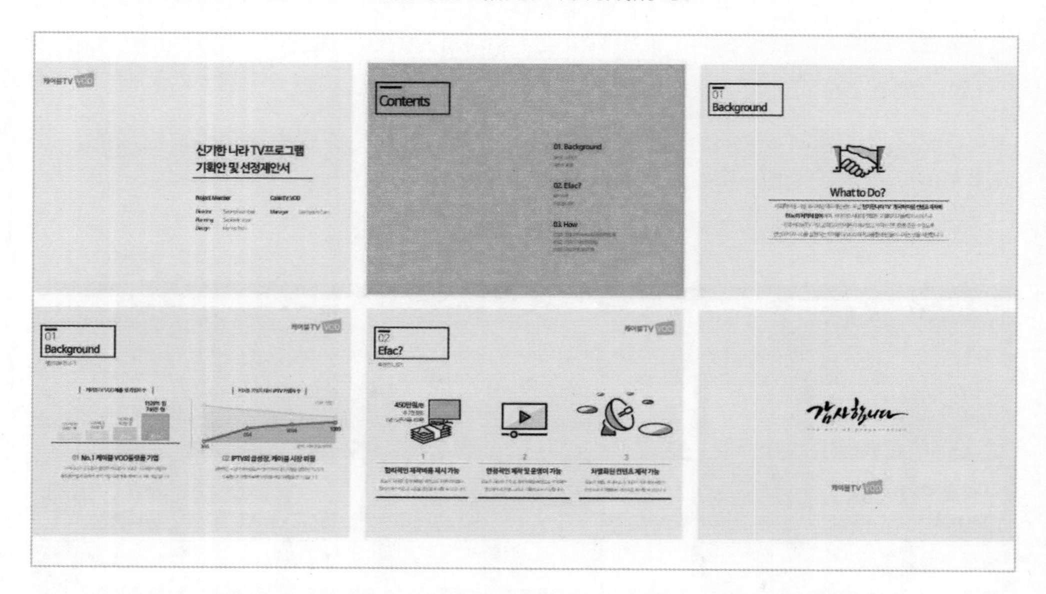

简单对这套PPT所包含的视觉元素进行分析可知，它的构成是这样的：

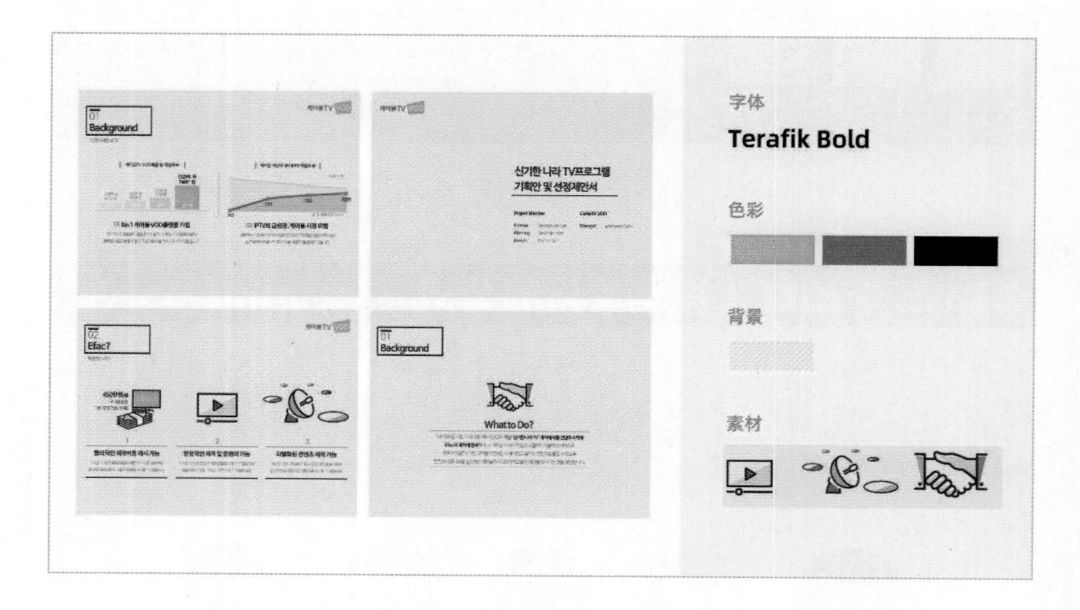

同样，还有这样一套PPT：

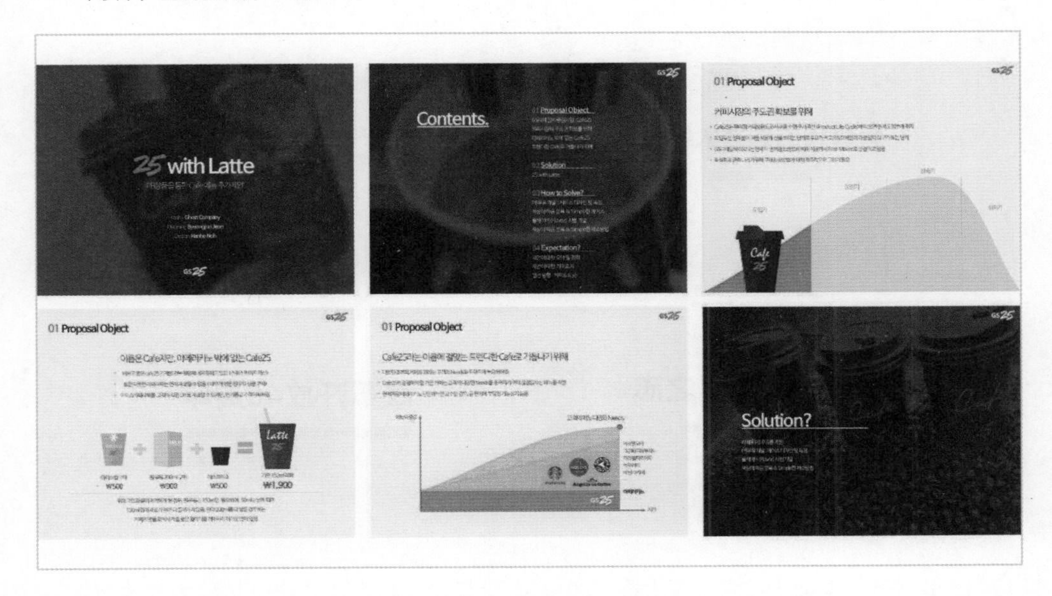

如果拆解就会发现，它的视觉风格是这样的：

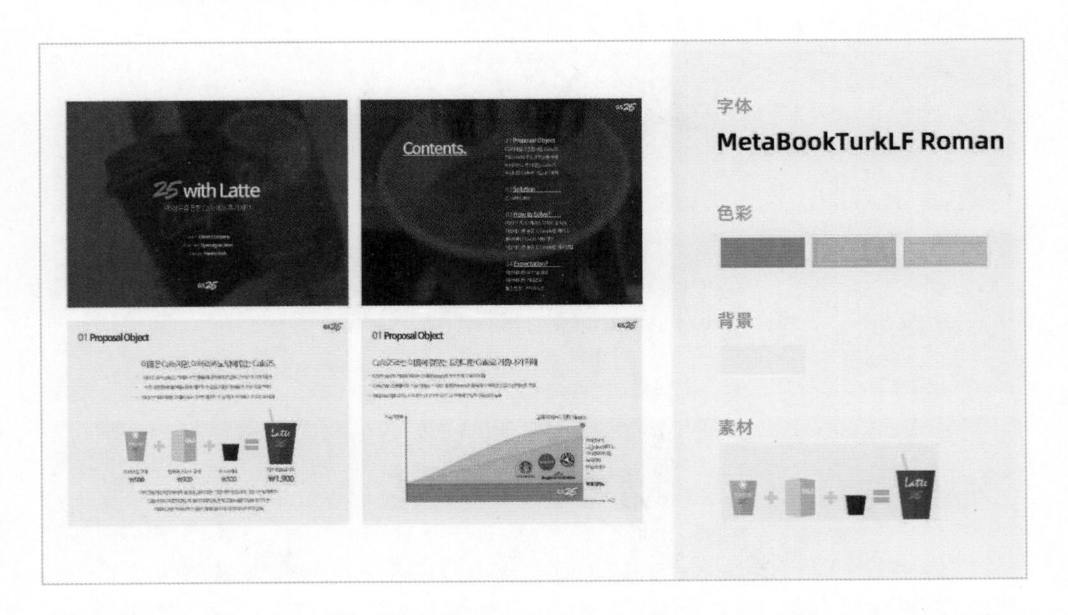

相信大家已经大概清楚了一套PPT的视觉风格是如何构成的。那么接下来，就以部分案例来详细介绍，如何利用这个风格设计公式来完成一套超宽屏的中国风的PPT设计。

最初拿到的内容是这样的：

新时代的优秀大学生

祝贺你们，欢迎你们

专场招聘会 100余场　简历投递量 超过10万份　面试学生 3万多位　最终录取 3500名

燕雀安知鸿鹄之志

吉利选择了你们，你们选择了吉利

改革开放40周年

和吉利携手一路高歌猛进，一路拼搏向前

因为这是一次面向校园应届生的演讲，而所有的校园人才，统一被称为“大雁”，所以，品牌方希望在设计上，体现“大雁”元素，并且呈现出中国风的感觉。最终输出的PPT风格是这样的：

挑其中一页案例，来做一个详细的思路分享。比如拿这一页来讲：

燕雀安知鸿鹄之志

吉利选择了你们，你们选择了吉利

公式的第一步，是先来确定PPT背景。

那什么样的背景能体现出中国风的感觉呢？如果你不清楚，可以在互联网上寻找一些相关的设计案例，简单分析，就能找准视觉呈现的方向。

从这些案例大概可以推断出中国风的PPT背景是什么，这里可以选择偏黄色：

公式的第二步，是确定PPT的色彩搭配。

因为背景是浅黄色，所以，为了能够产生视觉反差，在页面颜色的选择上，可以选择深红色渐变及纯黑色的文字颜色：

燕雀安知鸿鹄之志

吉利选择了你们，你们选择了吉利

第三步是确定字体。其实从前面寻找的设计案例参考中，就能够找到一些合适的、可以呈现出中国风感觉的字体，一般而言，偏书法字体和宋体系列比较有韵味。

把页面上相应的文字内容，排版后放在合适的位置上：

燕雀安知鸿鹄之志

吉利选择了你们，你们选择了吉利

当然，关于文字的排版，在第3章会更详细地谈到，这里就不赘述了。

最后，需要结合文案的内容来寻找相关配图进行视觉化呈现，或者寻找一些素材，来烘托中国风的感觉：

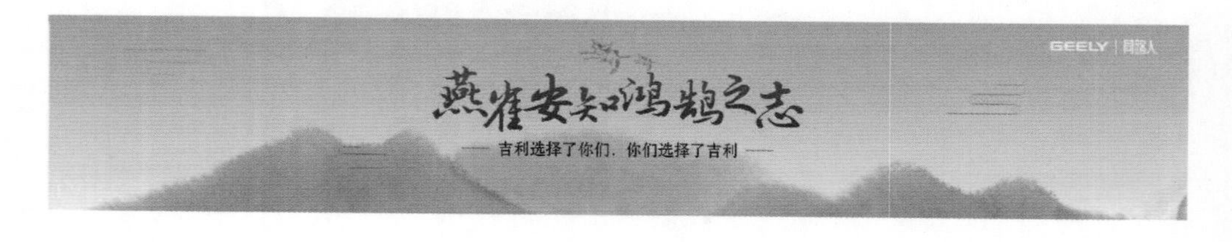

这里虽然是其中一页PPT的设计思路，但也能代表整体的视觉风格。

清楚了这一点之后，接下来就具体地说一下，该如何选用合适的视觉要素进行风格构建，以及在思考这些设计元素时，有哪些点需要注意。

2.2　背景调性的选择

在进行幻灯片风格设计时，会首先考虑这一点，为什么呢？

因为背景的选择，会受到投影设备以及演示环境的影响。而这两个因素往往很难改变。所以，需要优先考虑这些因素。

这里，有两条经验分享给读者，以供参考：

- 如果周围的环境光较亮，那么建议使用浅色背景。
- 如果周围的环境光较暗，那么建议使用深色背景。

当然，除了需要考虑硬件的因素之外，还需要基于视觉特征和视觉一致的角度进行思考。

2.2.1　了解视觉特征

对于背景来讲，需要选择一个适合PPT呈现风格的颜色或者图片。这里用几个具体的实例来说，你会更容易理解。

比如需要制作一套工作汇报PPT，那么使用浅色背景会显得比较干净、简约：

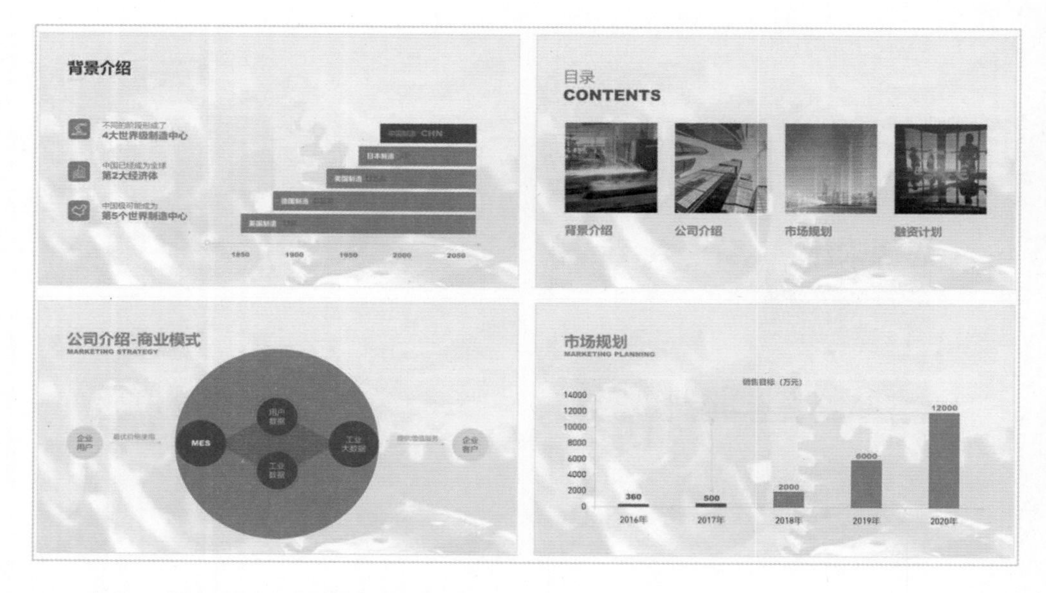

当然，使用纯白色背景，也是可以的。

再比如现在需要为一场科技峰会设计一套PPT，那么，如何借助背景来体现出科技感呢?

可以选用一些带有科技感元素的图片作为背景，比如这样：

注意： 选用图片作为背景，请务必保持背景图的干净，且有大片空白区域，可以用来插入内容。反之，如果背景图片是不干净的，那么，则会在视觉上显得非常杂乱，也会干扰页面内容的呈现，导致喧宾夺主。

比如想要使用山脉作为背景，那么，不要用这样写实的素材，虽然照片本身很美观，但不适合用作背景：

但是可以使用这样的背景图片：

2.2.2　认识视觉一致

对于背景的选择来讲，视觉一致并不意味着每一页都保持一样的背景，因为这会在视觉上显得非常单调。而且，有些时候，也需要利用背景来呈现出文案的视觉含义。所以，不建议每一页PPT背景都一模一样。

通常而言，遵循二八原则即可，也就是80%的页面背景是统一的，其余的可以有些变化。

如果经常翻看一些优秀的幻灯片，也会发现这个规律。

比如从很多优秀的PPT模板设计可以看到，总会有一些页面的背景与整体有所区别，这样可以避免视觉枯燥：

下面来看蔚来汽车的PPT案例，虽然整体页面背景为白色，但也会有一些背景是图片：

这就是背景选择方面的一致性。

2.2.3 图库素材资源

最后，关于背景图的选择，分享几个专业的图库素材资源，以供选择。

聚合型素材网站

这种网站的特点，就是收录了非常多的设计素材，在国内，最知名的可能就是花瓣网。这个网站的特点是，素材数量非常多，且有很好的分类。

那么，如何使用花瓣网来寻找背景图片呢？

比如想要找一张科技感较强的PPT背景，可以选择直接搜索画板，因为这里是其他用户整理后的素材。比如可以检索“深色背景”“线条背景”，当然，也可以直接搜索“科技背景”。如果想找一些中国风的背景素材，可以搜索“中国风背景”或者“古风背景”。

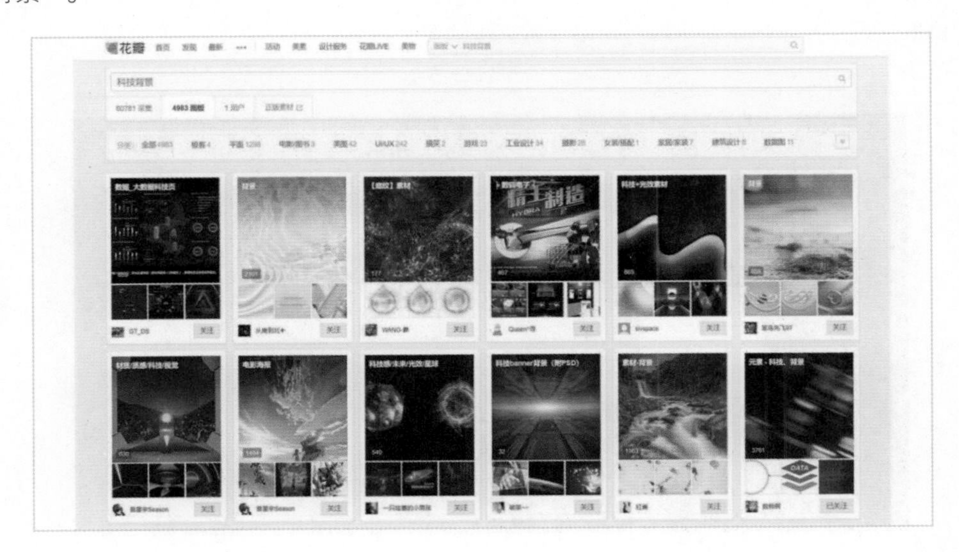

行业内相关网站

当然，也可以去相关领域的网站进行图片的搜索。虽然这种方法在图片寻找方面会非常精准，但是数量不多。什么意思呢？比如想制作一份党政PPT，那么可以去查看党政的专题页面。腾讯网、人民网、新浪网等网站每年都会推出相应的两会专题页面、国庆专题页面等。在这里也能找到相关的素材。

网页图片提取插件

这里为了便于大家下载网页素材，推荐一款提取网页图片的工具，叫作“图片助手”。它是一个浏览器的插件，在很多浏览器的拓展程序中可以搜索到，当然，在网上直接搜索“图片助手”，也可以找到。

在浏览器中安装了这个插件之后，到相关的页面后在空白处单击鼠标右键，选择“提取本页图片”项，就可以将网站上感兴趣的图片提取出来。

2.3　统一的色彩搭配

幻灯片色彩的选择，会受到背景色的影响。这是什么意思呢？

因为在设计幻灯片时，为了确保页面内容能够被观众清楚地识别，需要优先考虑到色彩之间的反差度。

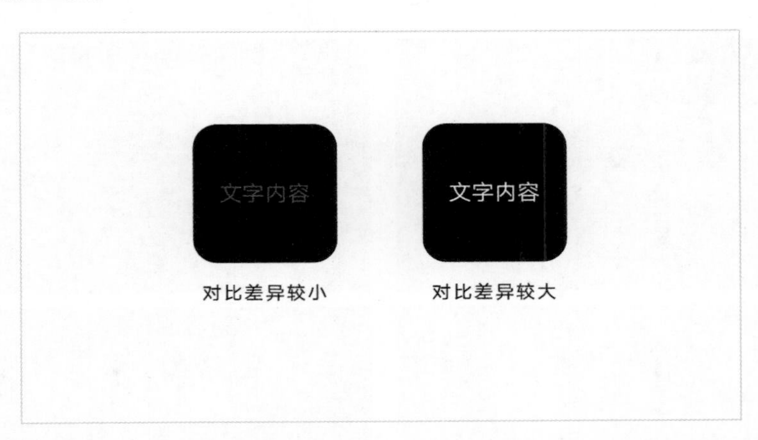

当然，这是一个基本考虑因素，除此之外，还有另外两个因素也是需要考虑到的。

一是品牌形象

如果在为公司设计幻灯片，那么，考虑到品牌形象的一致性，使用品牌固有的颜色是必需的。在这里，给大家举一些案例。

比如说提到京东，那么，自然而然地会想到使用红色；而提到阿里巴巴，会想到用橙色。

二是风格特征

如果并非在为某个品牌设计幻灯片，那么，就需要基于幻灯片所要呈现的风格进行考虑。

比如需要将幻灯片设计成科技风，那么，可能需要用到的色彩是青色或蓝色，就像这样：

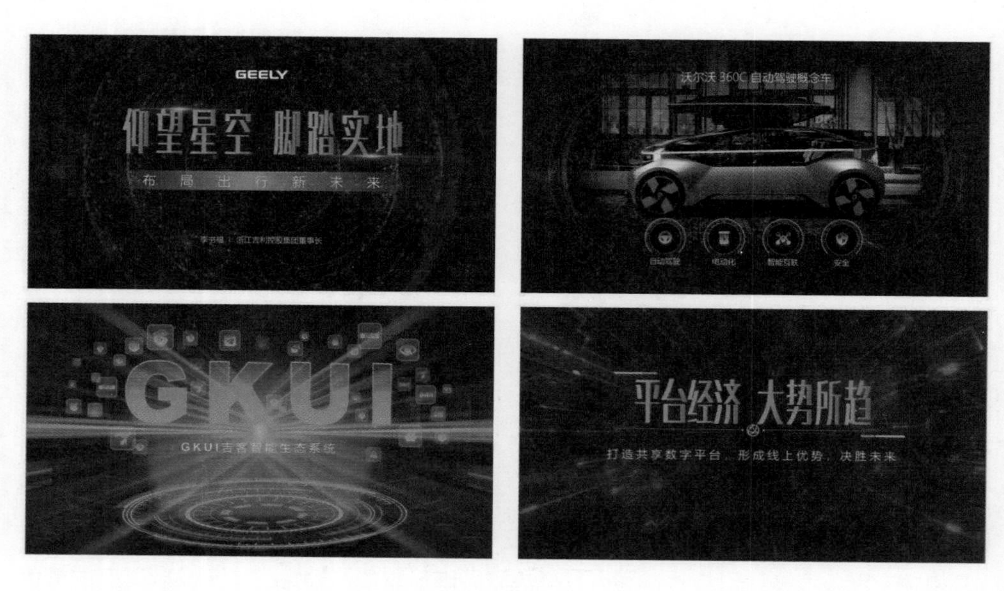

而如果需要呈现的是偏温暖的母婴类PPT风格，那么，在颜色的选择上，可能是这样的：

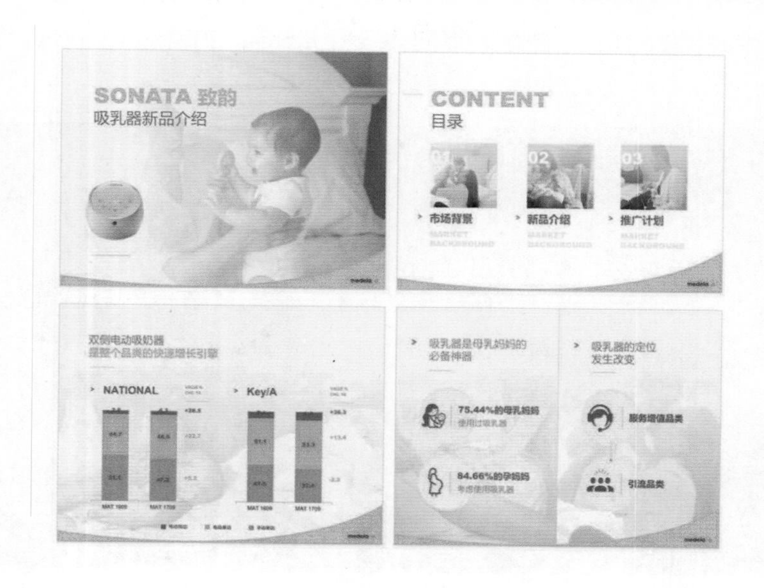

总之，这些都是在进行色彩选择方面需要考虑的一些因素。

那么，当明白了这些点之后，该如何为幻灯片搭配出一整套完整的色彩方案呢？

这里有两个简单且实用的方法。

2.3.1　单色系配色法

这是一种简单有效的配色方法，而且，因为使用这种方法时仅选择一种颜色，所以比较适合风格简约的幻灯片作品。

通常来说，使用单色配色法，在设计一套幻灯片时，只需三种颜色。除了黑色和白色，仅额外需要一种颜色。在很多幻灯片作品中，都会采用这种配色方法。

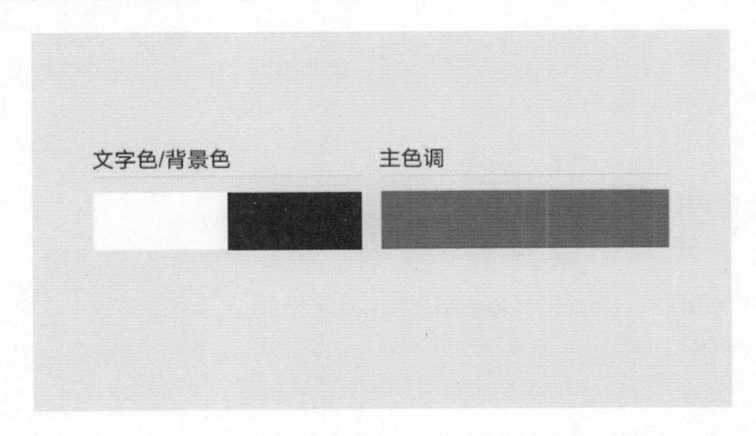

这里，唯一需要选择的就是主色。那么，对于一套幻灯片来讲，主色应该怎么选择呢？

可以考虑从以下两个方面入手。

从企业主题色中提取主色

比较典型的就是从Logo或者企业主色调中进行选择。举个例子，比如像这样的一家企业，从Logo基本可以判断，它们企业的主色为橙色：

所以，在设计PPT时，可以考虑选择这种颜色，以此来强化企业的品牌形象：

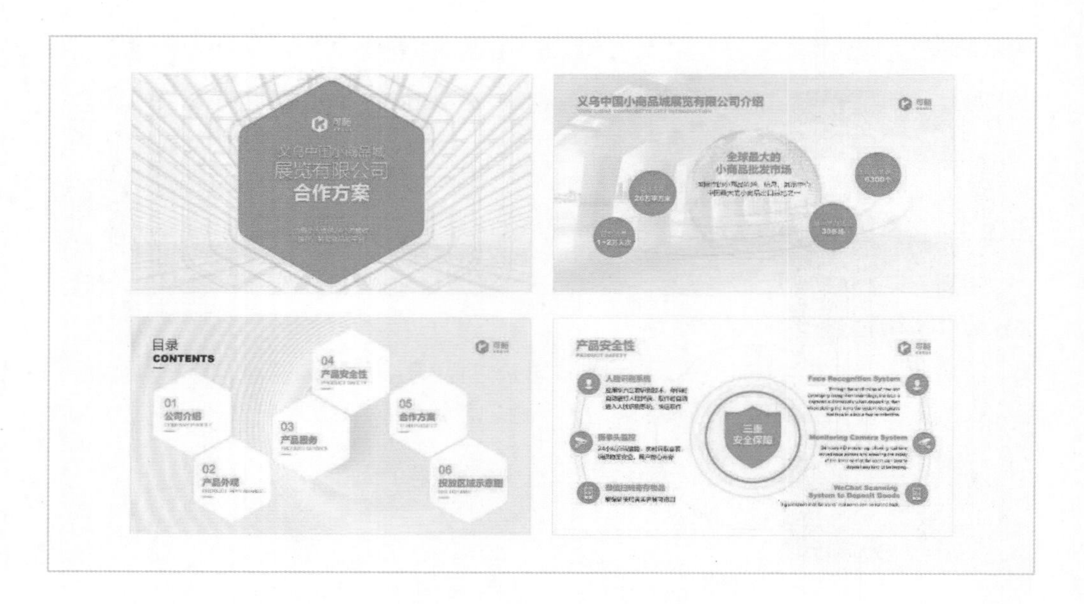

选择符合内容特征的色彩

因为每一种内容类型都会与一些色彩相关联，所以，可以考虑从此入手。

比如，党政型PPT，自然而然地想到红色；商务型PPT，会想到蓝色；母婴类PPT，会想到暖色，等等。

假设需要制作一套科技感较强的PPT，在颜色的选择上，可以选择青色：

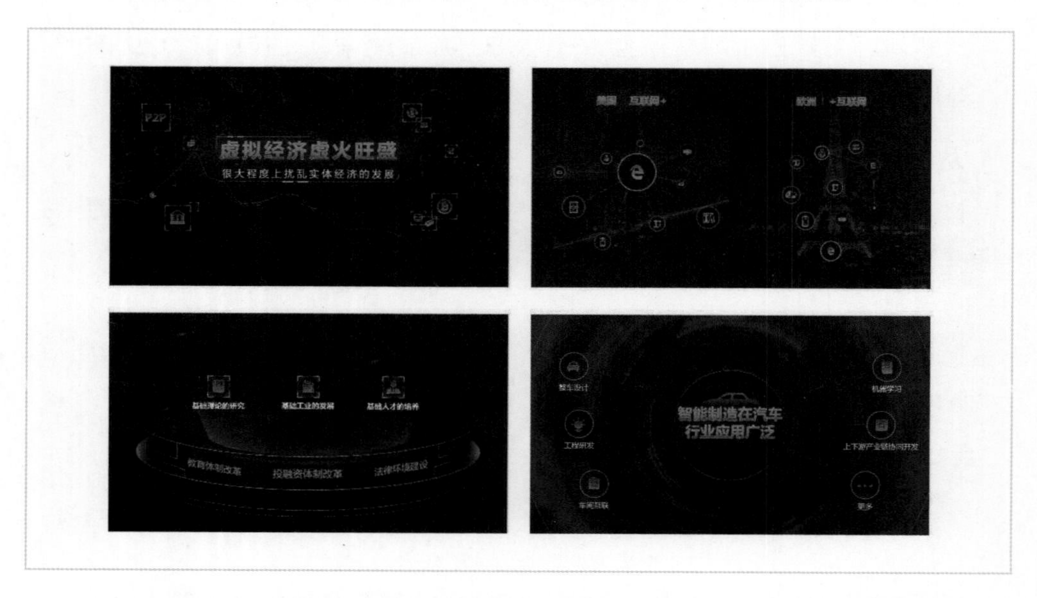

当然，如果实在不知道如何选择颜色，可以在网上寻找相关的设计作品，从别人的

作品中获取一些色彩灵感：

从这两个方面入手，就可以选取一个合适的主色调。

这里有一个小技巧，在提取色彩时，可以考虑使用取色器。

比如，在网上看到优秀的设计作品，想要从中提取颜色作为主色调，可以将作品放到PPT页面，插入一个形状，然后选择取色器，就可以从作品中提取颜色了。

2.3.2 近似色配色法

与单色系配色法不同的是，近似色配色法会生成一个主色和多个辅色，色彩较为丰富，让PPT页面更具层次感。

比如这样的一套幻灯片作品，它的色彩方案就是典型的近似色。

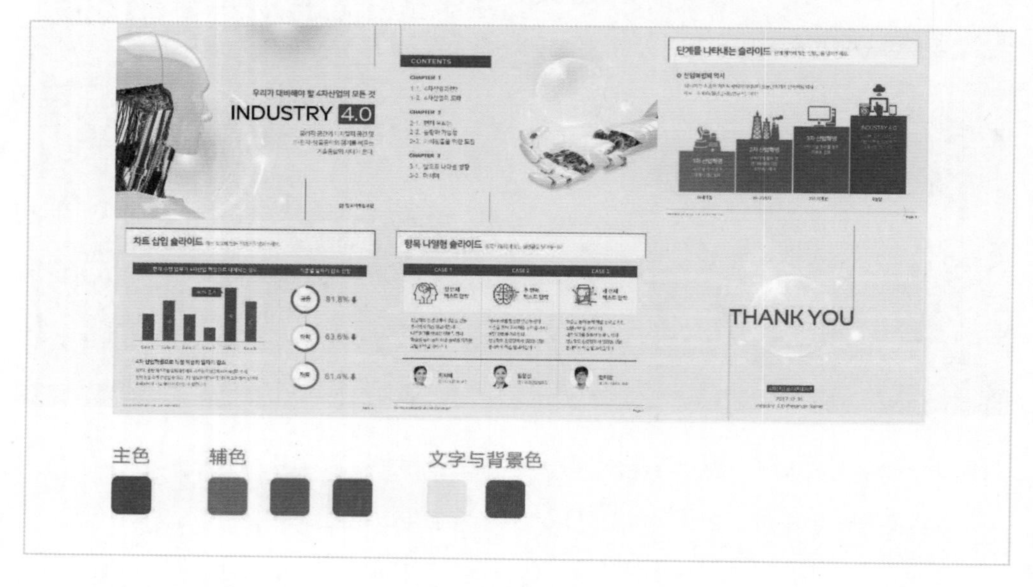

那什么叫作近似色呢?

所谓近似色，是指在色轮上相邻的30° 内的颜色。比如说，以某蓝色为主色，那么，其左右相邻30° 内的颜色，都可以称之为近似色：

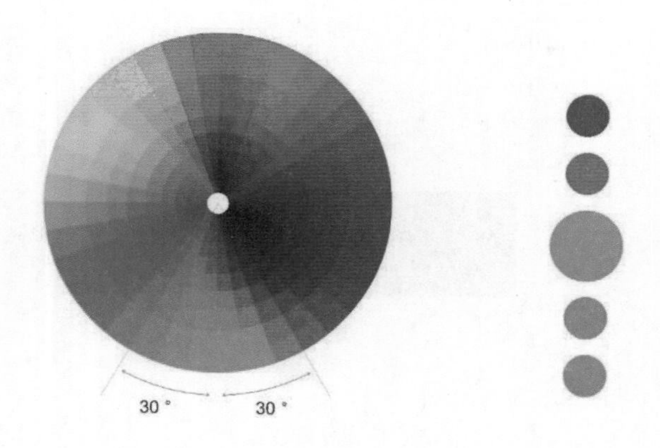

当确定了主色之后，该如何利用近似色选择合适的辅色进行搭配呢?

这里，需要借助一个工具，叫作 Adobe Color CC，是一个在线配色工具，在Adobe的网站可以找到它。

那么，应该如何使用呢？以下面这页PPT为例。

当选择了一个主色之后，记住它的RGB值：

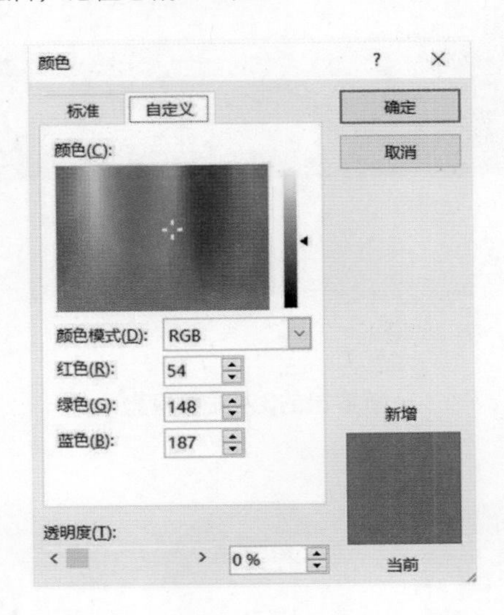

打开网站，选择类比色，并且将主色的RGB色值输入在中间这个框内，就会自动生成一组近似色配色方案：

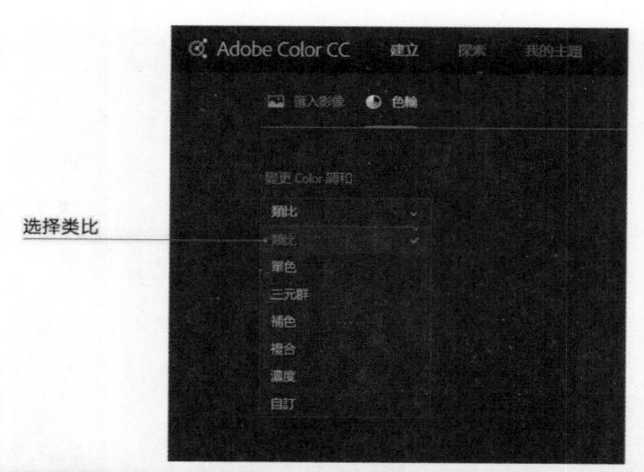

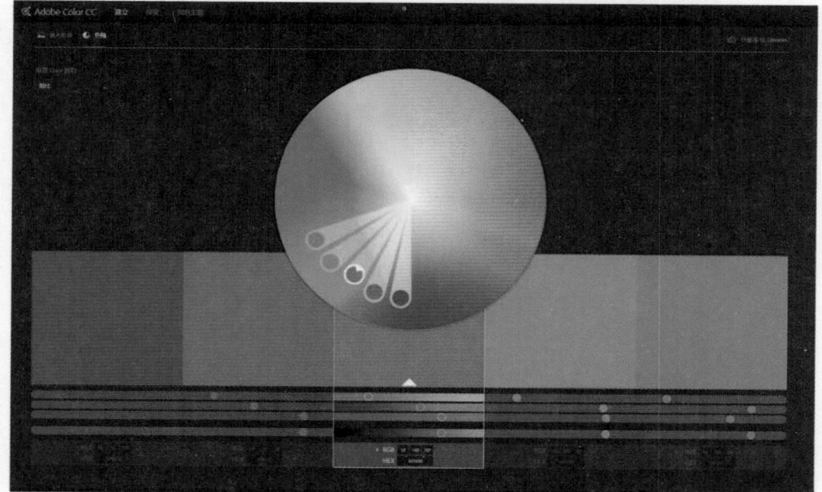

操作非常简单。

当确定了配色方案之后，把它应用在PPT中即可。

2.4 场景化的字体选择

关于字体的选择，可以讲的点非常多，因为这里能够看出一个设计师的功力。

通常来讲，如果不知道选择什么字体，那么使用黑体系列的字体比较稳妥，在非商用场合，使用微软雅黑就是一个不错的选择。

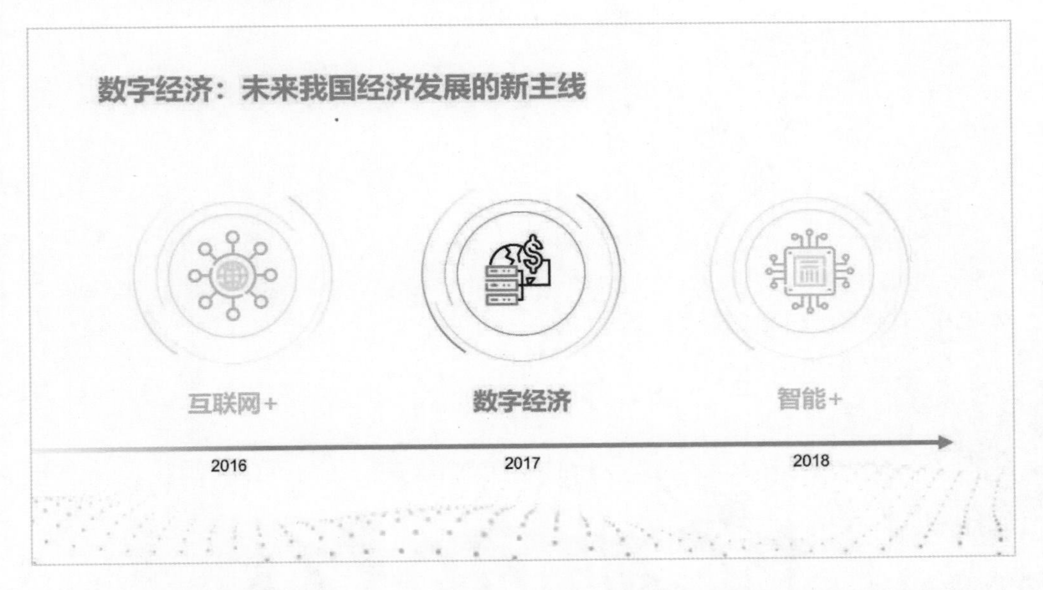

当然，一些免版权的字体，像谷歌推出的思源黑体或者阿里巴巴推出的普惠体，也是常用字体：

阿里巴巴普惠体 H	Alibaba Sans Heavy	思源黑体 CN Heavy
阿里巴巴普惠体 B	Alibaba Sans Black	思源黑体 CN Bold
阿里巴巴普惠体 M	Alibaba Sans Medium	思源黑体 CN Regular
阿里巴巴普惠体 R	Alibaba Sans	思源黑体 CN Normal
阿里巴巴普惠体 L	Alibaba Sans Light	思源黑体 CN Light

另外，如果在设计一些正式场合使用的或者中国风的PPT中，也可以考虑思源宋体之类的字体：

思源宋体 CN Heavy

思源宋体 CN SemiBold

思源宋体 CN Medium

思源宋体 CN

思源宋体 CN Light

在设计一些封面或者表达一些成绩斐然的PPT页面时，也可以偶尔使用一些书法字体，因为这种字体在视觉效果上，更加飘逸、豪迈。

其实，关于字体的选择，掌握这么多信息基本上就已经够了。如果实在怕选错字体，使用黑体系列会比较保险。

2.5　图片素材凸显风格

这里说的图片，不仅包括照片，也包含图标素材。而这一点，对于一整套幻灯片的视觉风格的构建来说，也非常重要。

2.5.1　图片选择的风格一致性

通常来讲，只需选择风格一致的素材类型即可。

什么意思呢？如果想要理解这一点，就需要先来了解素材的类型。一般而言，PPT制作中常用的素材，大概分为这样三种：

当然，如果对图标进行细分，还有很多种类型，比如扁平图标、线性图标和填充图标等。

如果想要设计一整套风格统一的幻灯片，选择其中一种，而不是多种。

比如可以使用统一的插画风格。像Google曾经有一个PPT作品，全部使用这种插画素材，视觉效果非常赞：

当然，在图标的使用方面，也要注意统一，可以统一使用填充图标。

总之，只要保持风格一致即可。

2.5.2 很好的图片资源

为了便于找到合适的素材，可以看看下面的素材网站。

图标类

这是在PPT设计中，使用频率最高的一种图片类型，尤其是在设计列表型PPT页面时，适当地添加小图标，可以避免页面视觉单调。那么，都有哪些好用的图标网站推荐呢？

阿里巴巴图标素材库

听名字就知道，这是阿里巴巴官方推出的一个图标网站，主推扁平化图标元素，案例非常丰富，而且支持多种格式的图标类型，可以自由地进行图标的色彩更换。只需一个新浪微博账号，就可以免费下载。

FLATICON

如果不仅仅想要获取扁平化图标，那么，在这里可以找到更多样式的图标，而且这个网站还有一个亮点在于，它提供了很多成组的图标，比如商务类型、卡通类型等，这个功能的好处就在于，可以保证图标的视觉风格一致性。

免费图片类

花瓣网

这是一个聚合型图片网站，网站内的素材多是来自网友们的采集，不仅质量高，且数量超级多，如果想要找到一些“高大上”的PPT背景图或者一些元素，那么，使用它可能是最合适的。

Pexels

这是笔者最喜欢的一个图库网站，虽然是国外的网站，但是，打开速度很快，而且，最关键的亮点是，素材质量非常高，数量繁多，且都是免版权素材，另外，它还聚合了一些其他图库网站的素材，非常方便。

Piqsels

这是一个国外的免费图库网站，支持免费下载高质量图片素材，数量繁多，而且，网站提供的图片素材都是可以免费商用的，不用担心版权问题。

比较令人惊喜的是，这个网站支持中文搜索，所以，即便英文水平不佳也不影响使用。

Unsplash

这是一个国外的小众图库网站，它的特点在于素材质量极高，很多手机厂商的壁纸图库就来自这个网站。而且，图片的尺寸较大，所以，导致很多时候，网站打开速度较慢。

付费图片类

站酷海洛

这是笔者经常使用的一个付费图库网站，当制作PPT时，如果涉及商业用途，建议使用正版图片，以避免不必要的法律问题。

站酷海洛的特点在于素材较为丰富，与国外知名的图库网站 Shutterstock 合作，素材质量也较高，且价格较为优惠，单张图片的价格不超过100元，如果赶上促销活动，可能一张仅需50元。

花瓣美素

这是花瓣网出品的一个正版图片素材网站，价格低，亮点是它支持年费会员，可以免费下载全站素材。

2.5.3 非常管用的图片搜索方法

为什么要提这点呢？因为即便我们拿到的是同一个素材网站，不同的人在搜图时得到的结果肯定也是不同的。

这是因为搜图时使用的关键词不一样，所以才会产生不同的结果。而这也是高手与“小白”的区别之处。

那么，都有哪些实用的搜图方法呢？

具象化搜图法

在PPT制作中，经常会遇到一些含义非常抽象的文案，比如：

> 网红经济，慢慢变成了一种新的商业模式。
> 小米的“饥饿营销”策略，被许多公司模仿。

相信很多人都遇到过类似的文案，那如果让你为这些文案选择一张合适的配图，你会怎么做呢？

其实，利用具象化搜图法，可以很简单地解决这些问题，我们需要做的，就是从文案本身、过程以及结果中进行发散思维，从而得到适合的配图。

举一些例子来具体讲解一下。

比如当遇到“改革开放40年来，经济得到了很大的发展”这句文案时，可以想到哪些具体场景呢？

可以从“改革开放”的结果出发，使用经济繁荣的场景，比如热闹的城市或者是繁忙的港口贸易等：

类比型配图法

这个方法与具象化配图法类似，但这种方法的关键就在于选择合适的类比物，用一些大众所能感知到的物体，来表达某种出现的概念。

比如，一款产品想要体现出它轻盈的感觉，可以借助一根羽毛：

再比如，想要以视觉化的形式表现出“走出创新的第一步”，那可以找到一些类比物，如登月的脚印、婴儿学步的场景等：

意境化配图法

这种配图方法，主要是为了营造一种视觉上的感觉，或者是为了呈现某种特定的氛围，与前面的两种相比有很大差别。比如可能经常会听到领导的一些设计要求，像：

- 要大气
- 要高级
- 要国际化

其实所有这些需求，都是为了呈现某种感觉，所以在选择配图的时候，有一个原则就是，符合大众脑海中的某种既定印象。

像提到大气，可能会想到宇宙、星空，或者是一些场景比较开阔的画面：

再比如，提到要做出科技风的感觉，那可能会使用到一些电子纹路或者有光感的线条等图片：

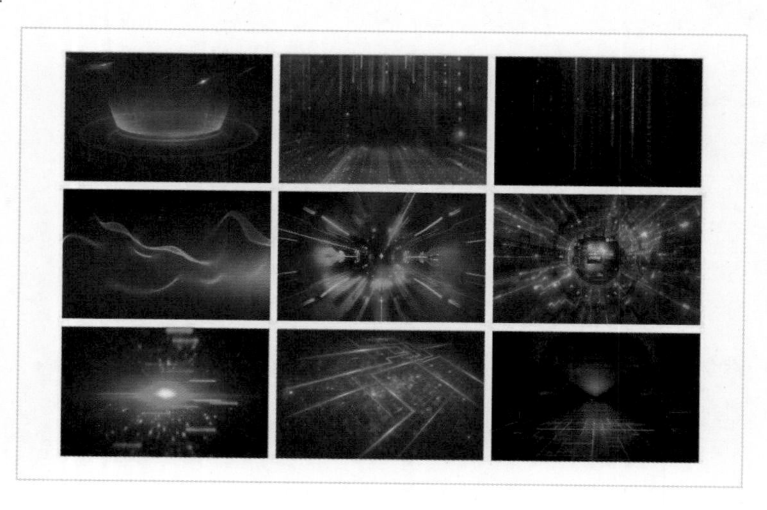

上面就是常用的搜图方法，有了这些方法，就可以想出更多的搜图关键词，从而找到更多合适的配图。

明白了吗？咱们再来总结一下，关于幻灯片视觉风格设计公式，由4个因素组成，在处理每一个因素时，都有相应需要知道的方法和注意点。

2.6　案例：手把手教你建立视觉风格

接下来，我们就通过实例，利用视觉风格这个公式，构建出一套幻灯片的视觉风格。

比如下面的4页PPT，是一家企业的品牌介绍，需要为其设计一份PPT的风格。那么，该怎么做呢？咱们一步步来。

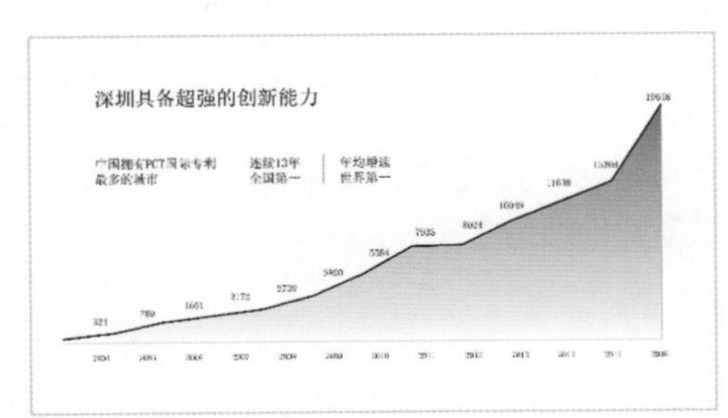

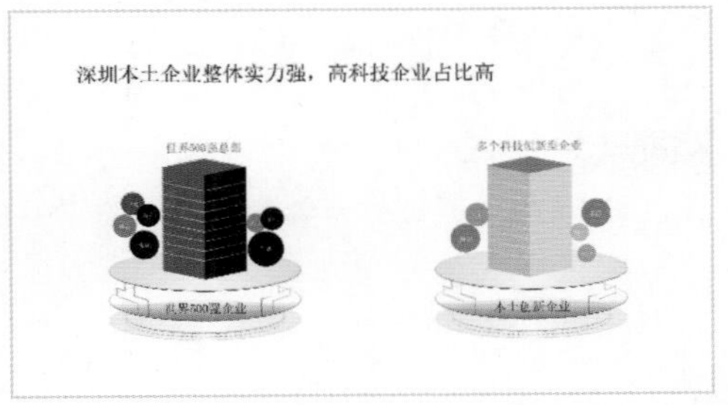

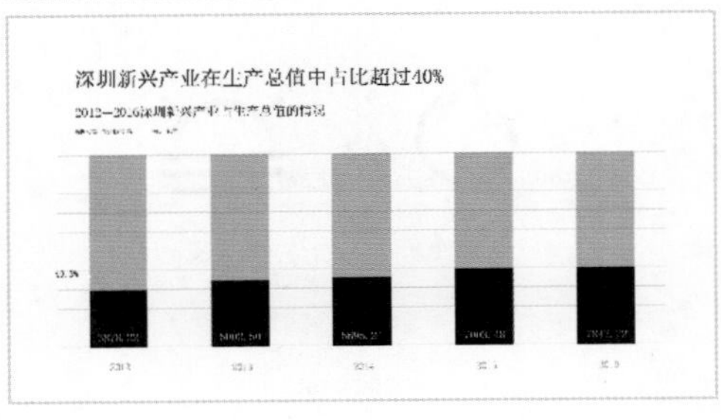

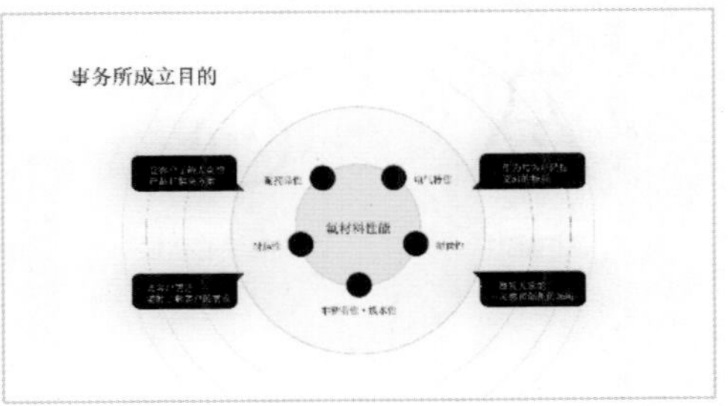

Step 1 先来确定PPT的背景。因为这是一套企业介绍型的幻灯片，所以，为了体现出商务的感觉，可以选用白色背景。

Step 2 确定整体的色彩风格。这个品牌叫作大金，所以，可以在网上下载其Logo，为了体现出品牌形象，可以从中提取出品牌色：

Step 3 字体的确定。因为是商务型 PPT，所以，字体可以选用较为方正的黑体系列字体，比如：思源黑体、阿里巴巴普惠体等。

阿里巴巴普惠体 M

Step 4 图片素材的使用。在制作企业介绍型PPT时，可以选用与企业相关的素材或者是一些图标作为修饰，以此来丰富页面的可视化效果。在这里，基于文案内容的含义，找到了几个相关的图标：

耐药品性

非黏着性·拨水性

电气特性

耐热性

耐候性

所以，当把这些视觉元素组合在一起后，就可以做出这样的PPT设计：

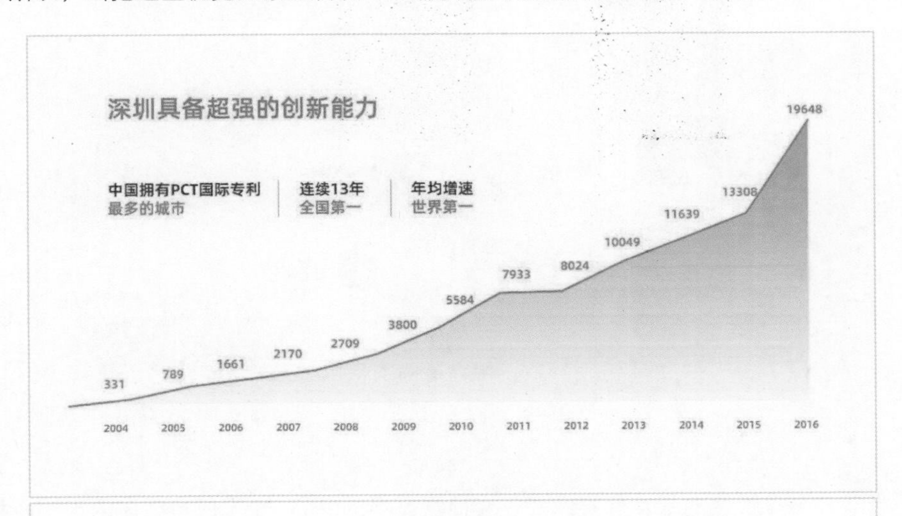

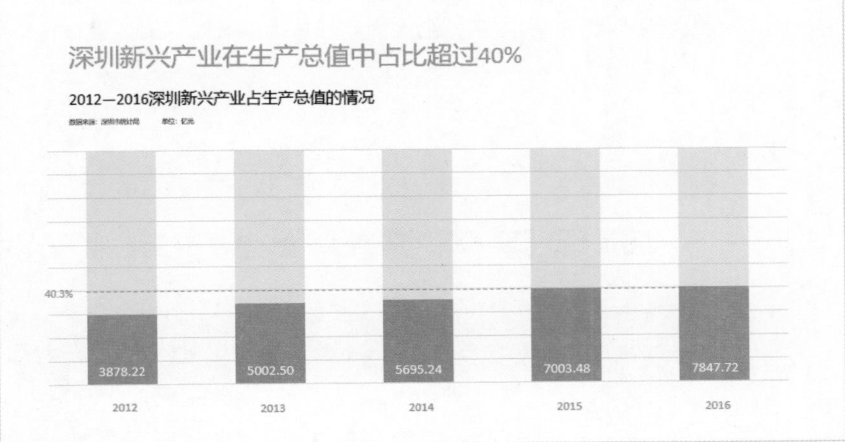

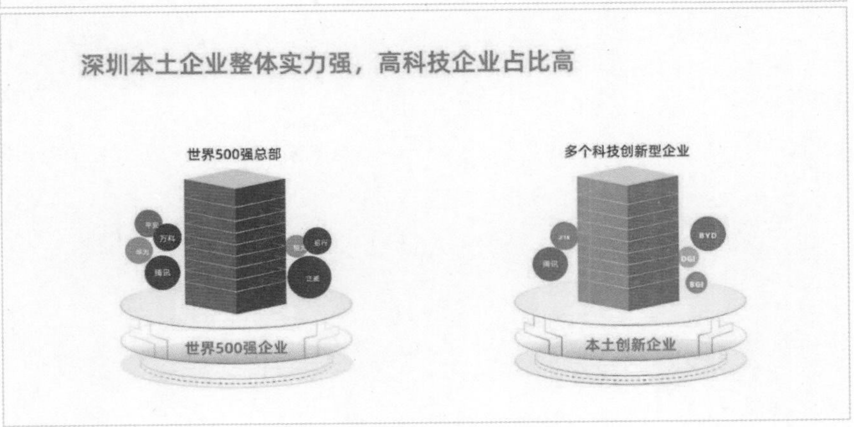

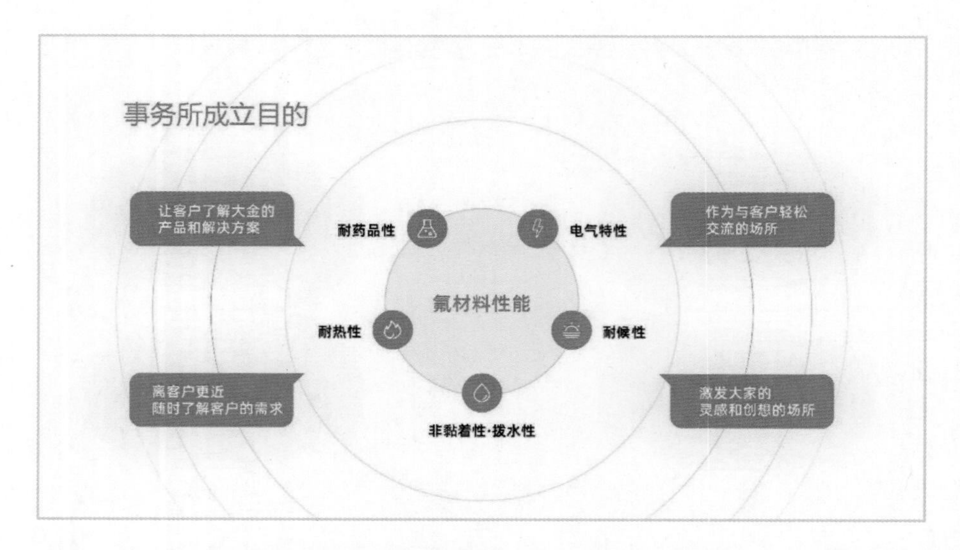

当然，不可否认的是，想要做好一套视觉美观的PPT，除了保持整体的视觉风格统一，排版也不可或缺，所以，在第3章中，会向大家具体地讲解如何对内容进行排版。

Chapter

03

第3章

四步搞定幻灯片的高级版式设计

3.1 排版四原则

对大多数人而言，相信很多人的职业并非专业的设计师，对设计缺少一定的认知。而这，往往会造成的问题是，自己做出的PPT缺少设计感。

在平面设计领域，已经有人总结出了设计的四项基本原则，如果能遵循这些原则对PPT进行排版设计，就能够避免很多低级的问题，从而做出美观的PPT作品。那么，这四原则分别是什么呢?

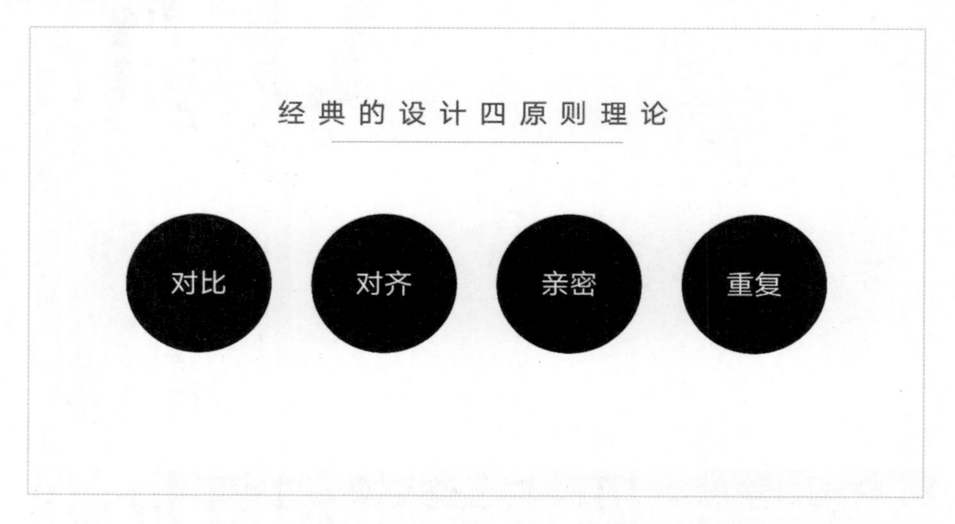

几乎所有的优秀作品，都会遵循这些基础的设计原则，先来简单地看一些案例，后面会具体讲解。

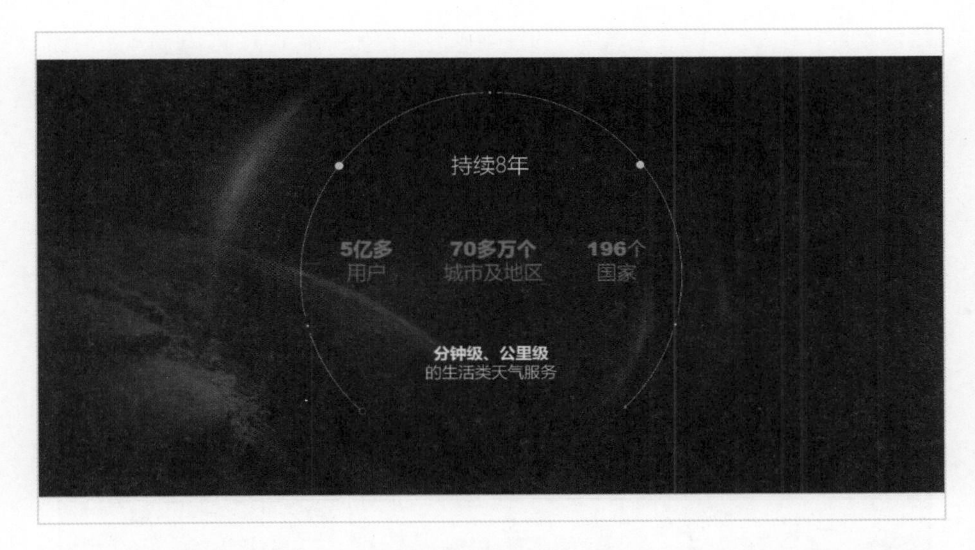

好了，看完了这些作品，那么这些作品背后所遵循的设计原则，分别是什么呢？

3.1.1　对比

对比的作用是呈现出视觉重点，通俗一些来讲就是，可以让别人一眼看到页面中的重点。常用的能够体现对比的技巧如下图所示。

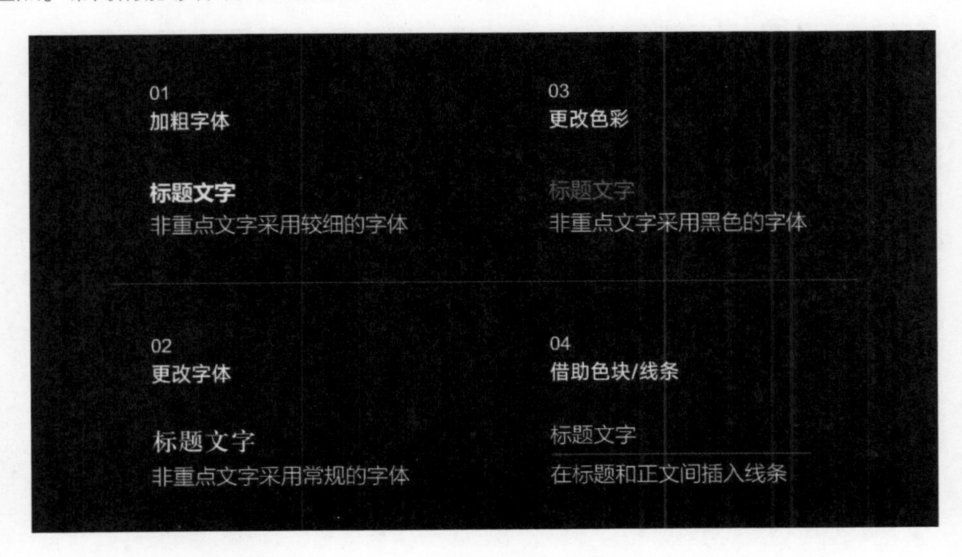

这些技巧都非常简单，下面我们通过一些具体的案例来更好地理解一下。

比如像下面的幻灯片，这些是汤臣倍健的幻灯片页面，这些页面中的文字内容较少，在设计需求上，只需凸显重点即可。在体现重点方面，所用到的技巧都非常简单，无非就是放大字号，或者是改变色彩，以此来形成强烈的对比，从而凸显重点：

当然，再比如在小米电视的某次发布会上，为了能够体现小米电视总出货量排名中国第一，使用了毛笔字字体，且将文字字号放大了很多倍，这在内容对比上，所呈现出的视觉效果也非常强烈：

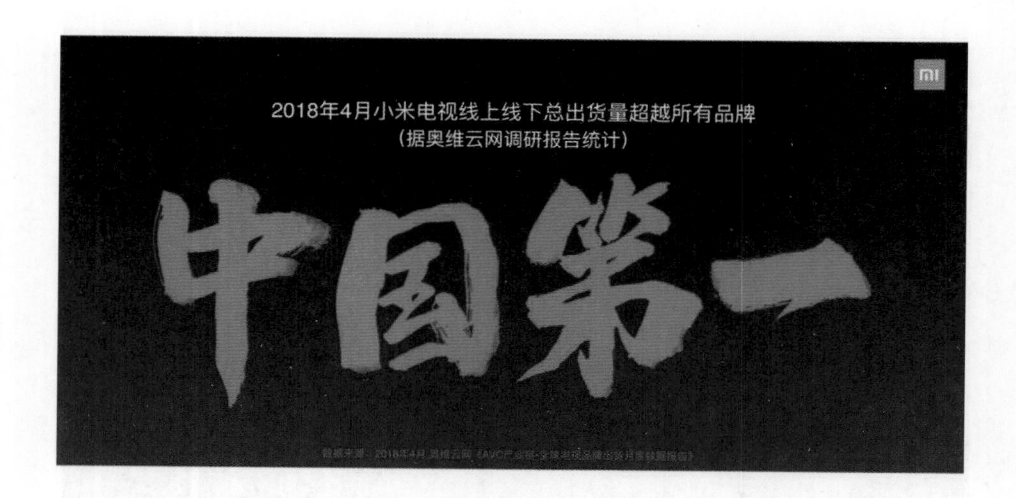

像下面这个表格的案例，为了能够强调出部分重要的数据信息，在设计时，特意在其下方添加了一个绿色的形状，以此来强化重点：

MIUI 10

典型使用场景
跟手度

测量取五次平均值，单位：毫秒

结果由第三方机构 威尔克通信实验室检测
报告编号：03-18-WT0031

	MIX 2S	iPhoneX	P20 Pro
相册	73	75	100
桌面	80	63	85
联系人	75	155	93
短信	70	85	100
通话记录	70	160	85
浏览网页	95	67	125
微信	80	112	100
今日头条	90	75	82

3.1.2　对齐

让页面的内容沿着某种秩序进行排列分布，它的主要作用是让页面的排版更加规则。常见的对齐形式有这几种：左对齐、右对齐及居中对齐。

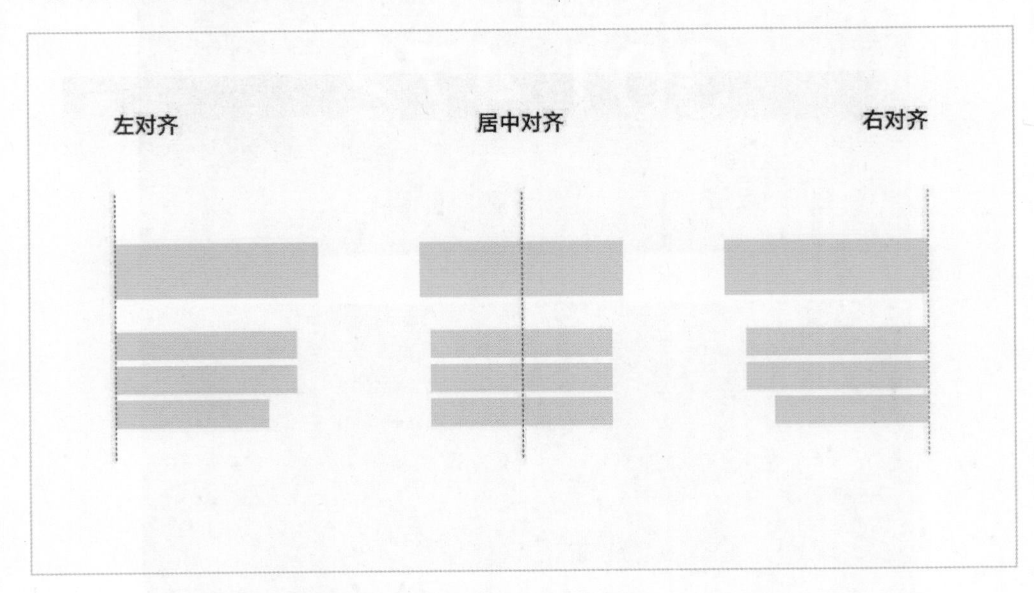

下面通过一些具体的案例来更好地学习一下。

比如下面这两页PPT，它就是非常典型的左对齐。一般来说，当需要介绍某些产品或者某项技术时，经常会采用这种构图方式。

而下面的这几页PPT，明显是居中对齐的，对吗？当文字较少时，使用居中构图的方式可以保持页面视觉的平衡感。

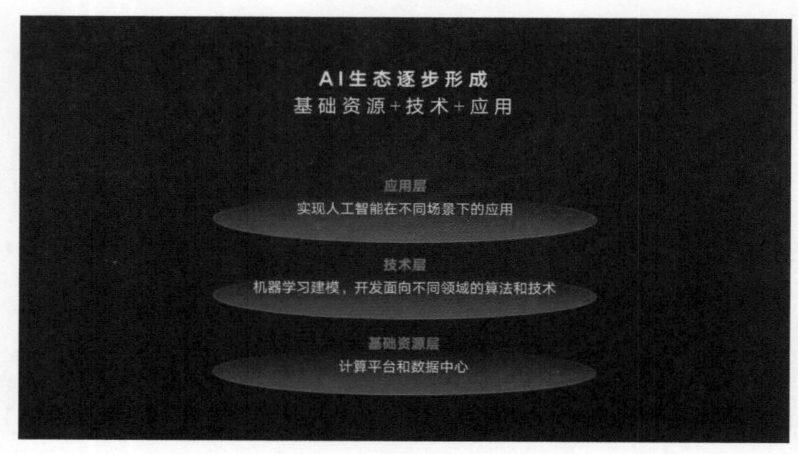

还有像这个案例，因为在内容排版方面将页面进行了三等分，所以，同时采用了三种不同的对齐方式，其目的也是为了保持排版时的秩序感。

3.1.3 亲密

它是指元素之间的距离。在平面设计中，当元素之间存在不同的距离时，也会产生不同的视觉含义。

什么意思呢？下面通过一个例子来更好地理解一下。

比如现在页面上有两组圆，那么，当看到A组的时候，你会认为，在视觉上这四个圆之间的关系是相互独立的，对吗？而对于B组，你会认为是两组圆，一组包含一个圆，另一组则包含三个圆。

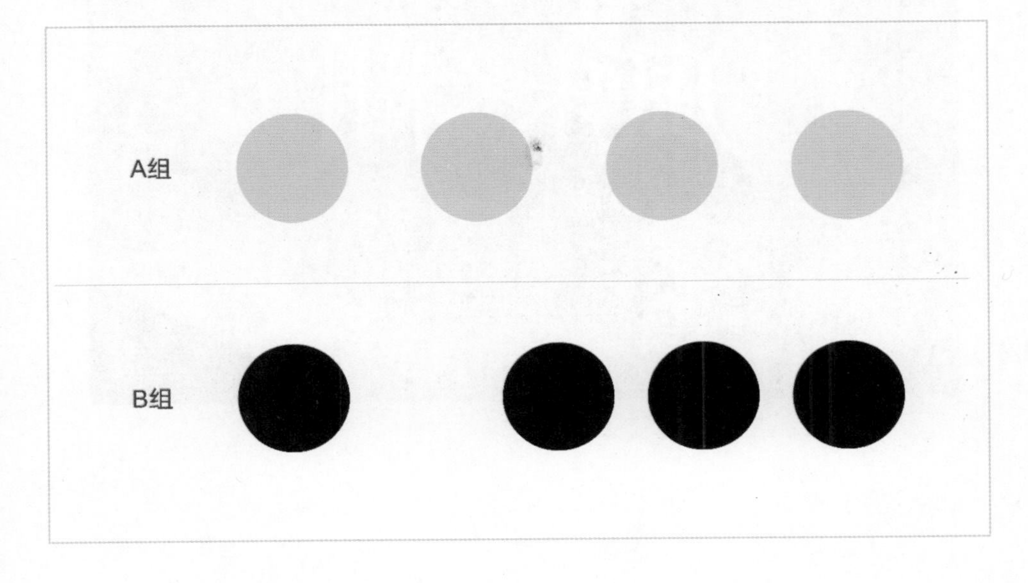

所以，两个元素在空间上的距离越大，在视觉上给人的感觉是二者的关联性越弱，反之则越强。

那么，明白了这个理论之后，它在PPT设计中有什么作用呢?

比如下面这个例子，在排版时为了遵循亲密性原则，可以考虑把有关联的内容放在一起：

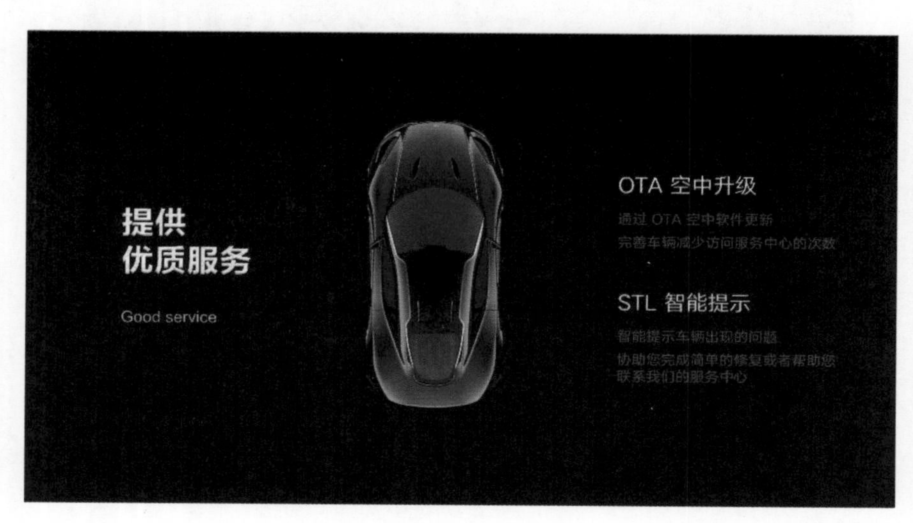

3.1.4　重复

将页面中层级相同的内容，按照某些相同的效果重复出现，可以呈现出元素之间的一致性。

一般来说，在进行PPT排版时，重复的原则更多地体现在，对于同一层级的元素采用相同的处理手法，比如下图所示的页面，可以为标题内容设计相同的设计效果，就能够很好地体现出一致性。

当然，在实际的PPT案例中，重复的原则可以说随处可见，举一些案例来看一下。

比如在华为荣耀的手机发布会PPT中可以看到，这一页重复的是文字的渐变效果，以及圆角矩形的样式，对吗？

还有像下面这一张PPT，它重复的原则是图标的渐变色效果，对吗？

再比如这一张，它在设计时，通过重复标题的效果来达到视觉的一致性：

上面所说的，就是设计的四原则在PPT设计中的一些应用场景。

设计作品之所以看起来具有设计感，其实无非就是遵循了这些基本的设计原则。如果能熟练掌握这些基础原则，相信你也能够做出优秀的排版设计。

3.2 母版与版式的使用

在PPT制作中，为了能够让整套PPT的版面样式更加统一，就必须谈到母版与版式。不过，可能对于这两个概念，有些读者会觉得陌生，感觉自己从没接触过，其实不然，不管套PPT模板，还是自己设计，从打开幻灯片开始，就需要面对版式的选择。

3.2.1 模板就是不一样

下面这个就是PowerPoint软件默认的标题版式：

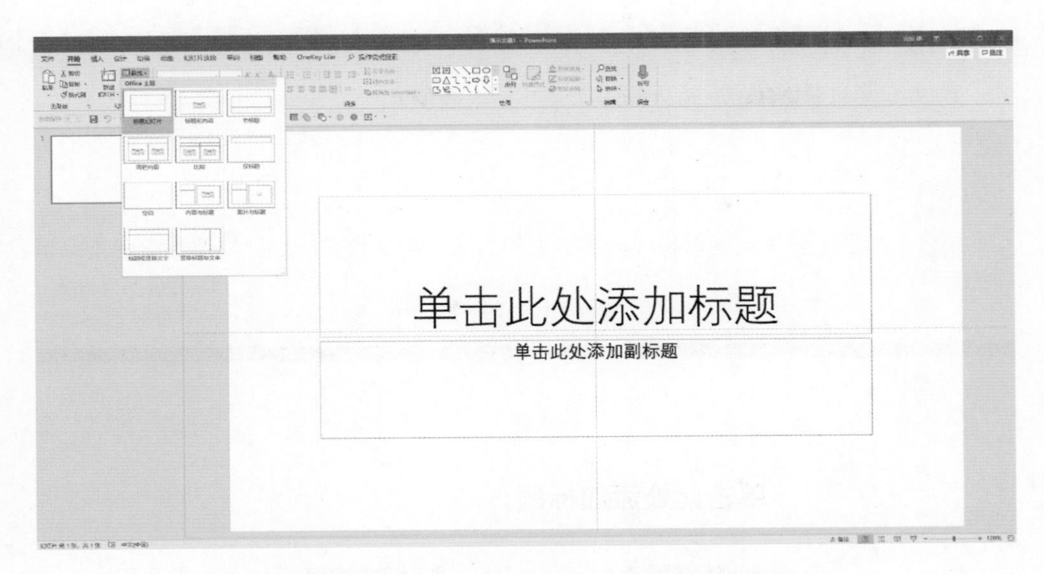

当然，如果不需要用标题版式，这里还可以选择其他要用到的版式：

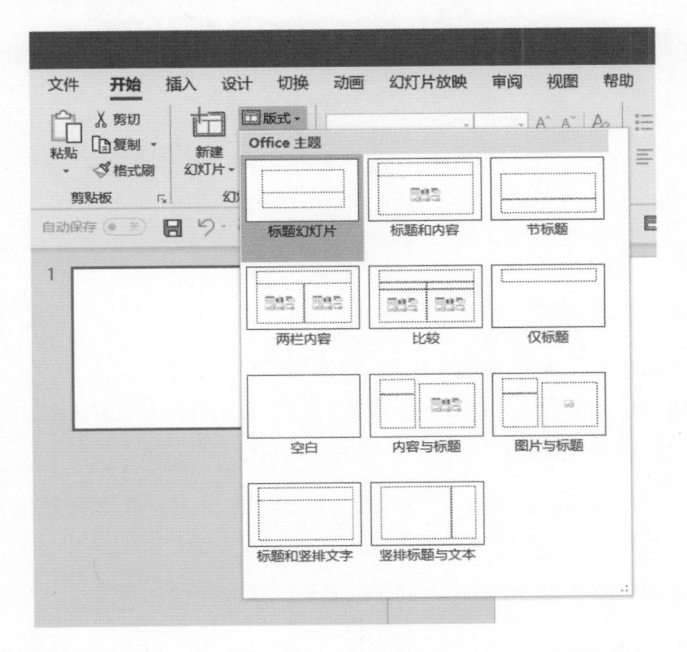

那么，这些版式的作用到底是什么呢？非常简单，一句话可以概括：

版式的作用就是实现版面布局的统一性。

什么意思呢？比如你在设计一套幻灯片时，可能会出现这样的页面，像：

有5张一个图表加一段文字的页面；

有6张一张图片加一段文字的页面；

有4张起到过渡作用的转折页面；

……

那么，为了能够让这些有相同内容类型的页面布局保持统一，就需要提前建立好相应的版式。

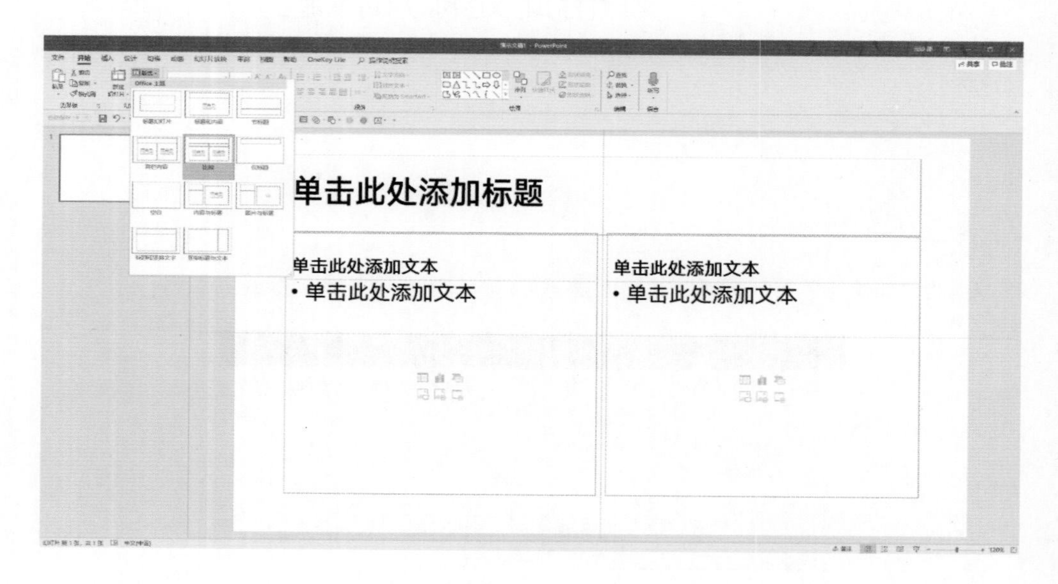

这样做有以下两个好处。

- **提高效率**：对于重复类型的内容，不需要额外设计版面。
- **重复使用**：如果多人同时设计一份幻灯片，提前建立相应的版式，可以确保最终的页面样式是一致的。

比如非常多的优秀PPT案例，它们的版式样式非常统一，其本质就是有一套完善的PPT版式设计规范。

这是来自蔚来汽车的PPT模板，大家可以看到，版式风格非常统一：

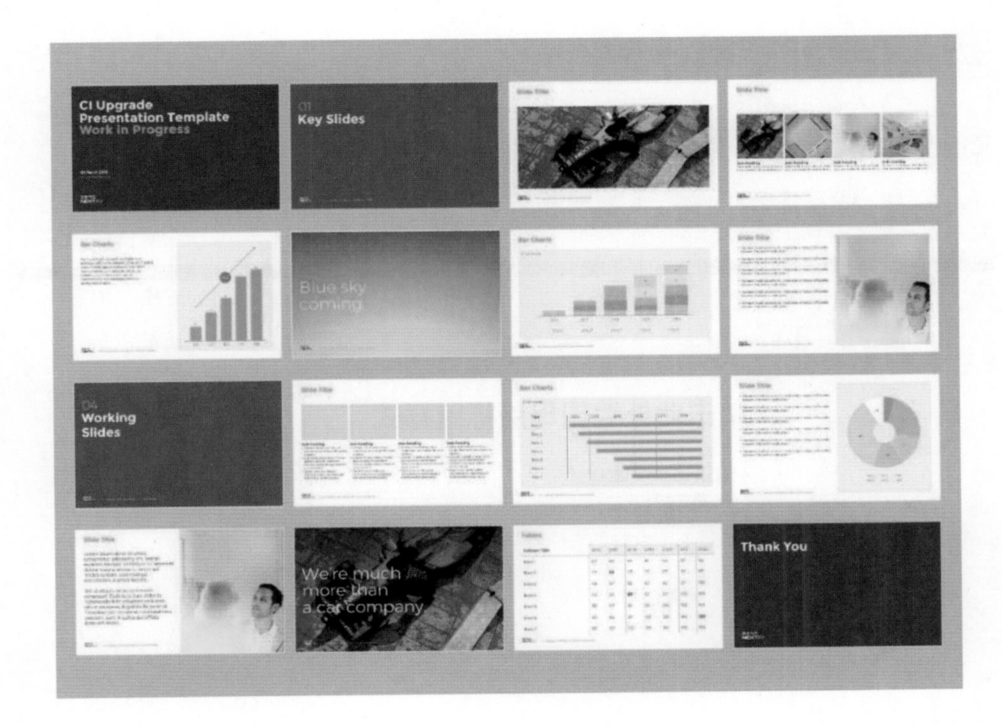

而如果看一看它所定义的版式就会知道原因，每个文字的位置都设定了相应的规范：

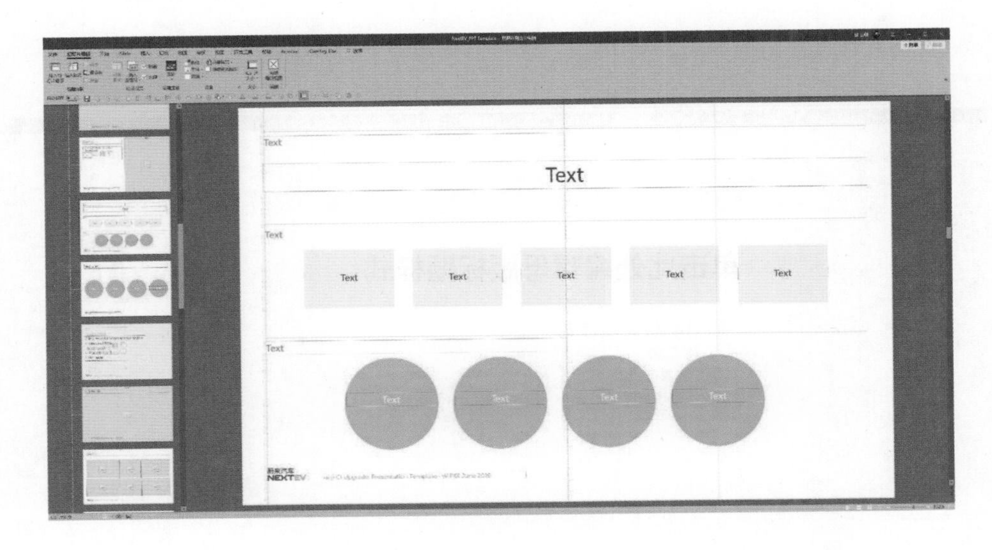

那么，如何利用版式建立页面样式的一致性呢？这里离不开两个功能，一个是占位符，一个是母版。

3.2.2 母版的工作原理

母版的作用，就是来为每一个版式页面添加统一的元素。因为当在模板上添加一个元素后，所有的版式页，在相同的位置都会出现这个元素。

单击“视图”菜单，选择“幻灯片母版”即可进入母版视图。

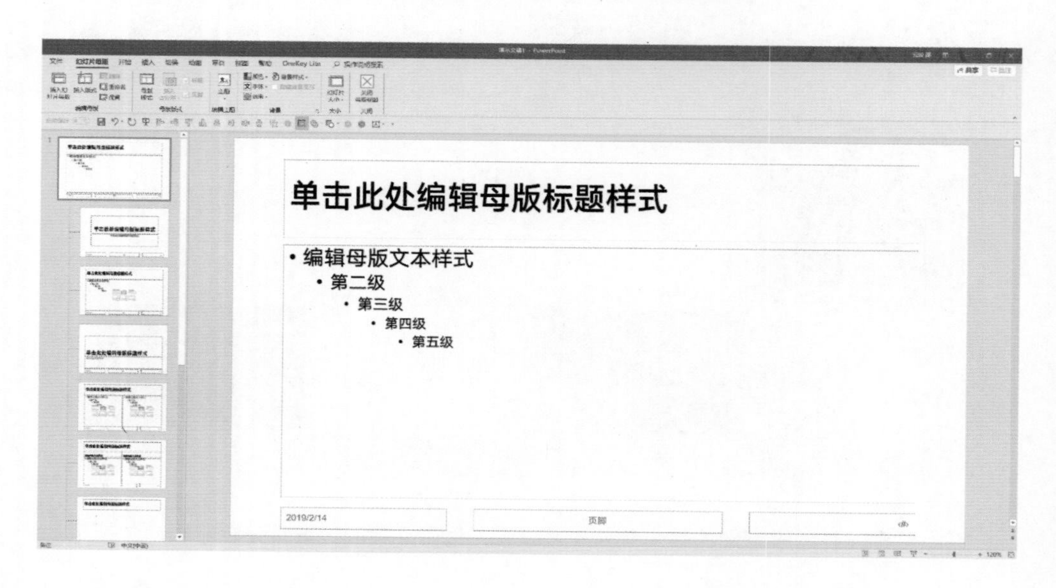

比如在母版右上角添加了一个Logo，则所有的版式页上都会出现这个Logo：

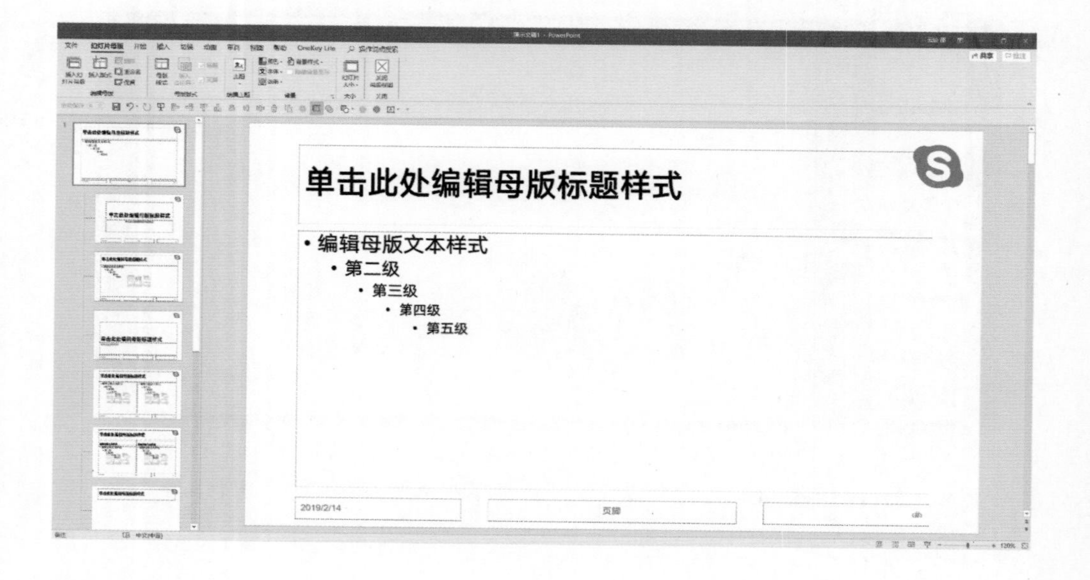

如果不想让它在某一个版式页中出现，那么选中那个版式页，勾选“隐藏背景图形”即可：

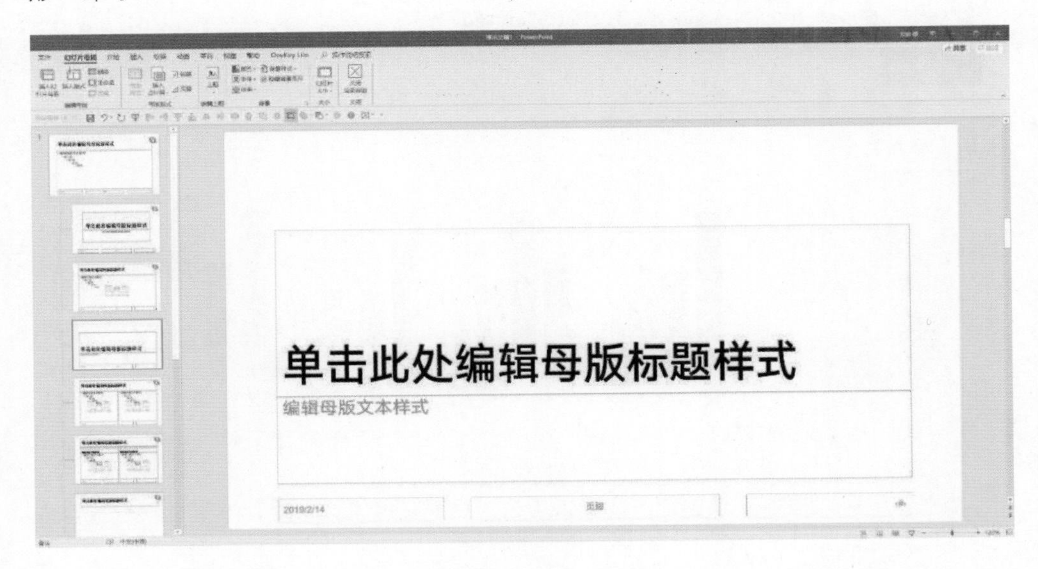

这是母版的功能，当然，可以在母版页添加一句宣传语，也可以添加一句文案，或者写上一段固定的口号等。

占位符是什么呢？其实就是在页面上先占住一块固定样式的区域，后期可以重复利用。

比如在版式页中插入了一个图表占位符，那么，在编辑界面单击这个占位符，就可以插入一个相同尺寸的图表：

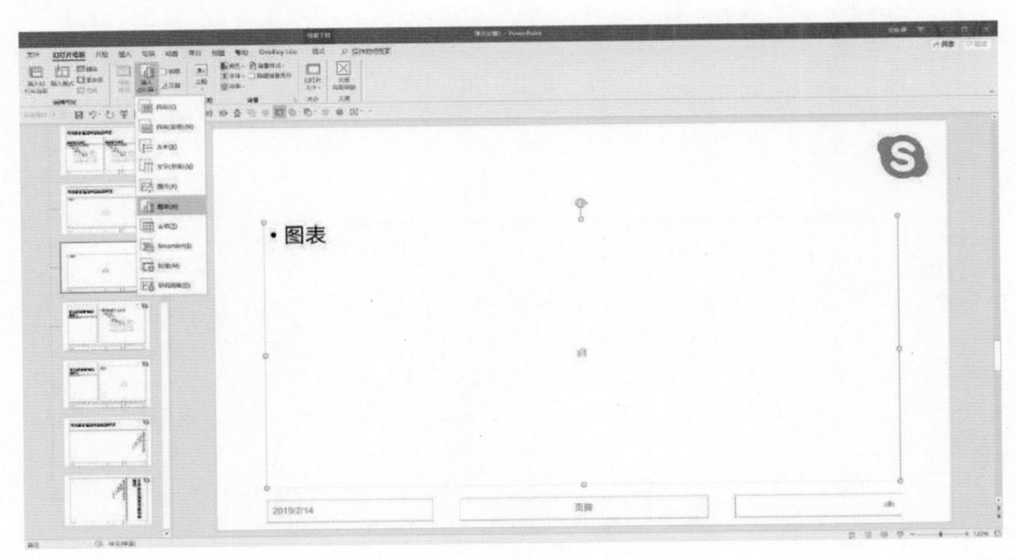

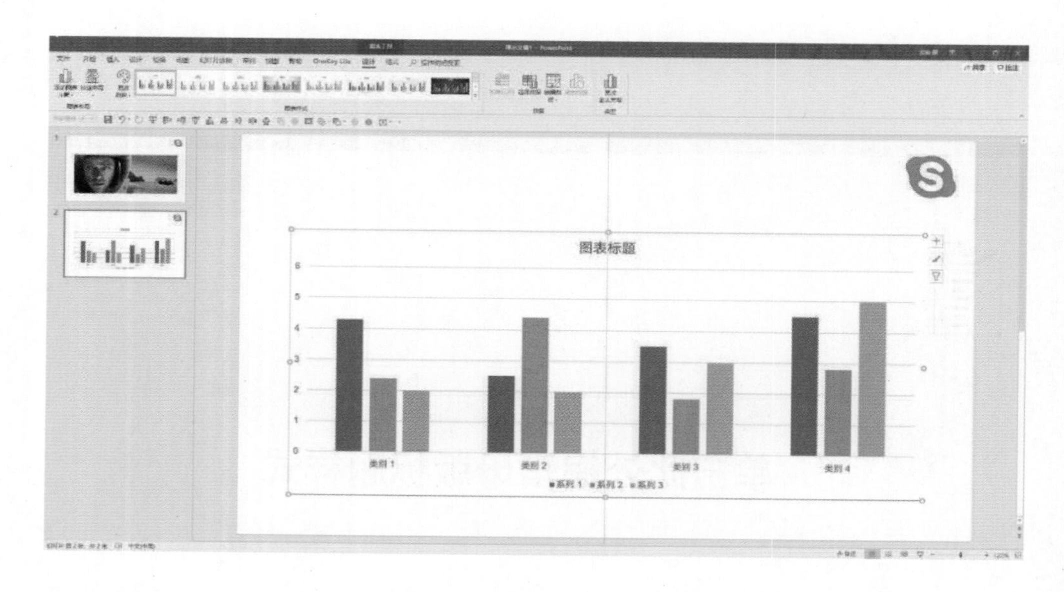

当然，还可以插入一个图片占位符，那么，后期在编辑页面时，不管插入一张什么尺寸的图片，最终显示的尺寸，都是占位符的尺寸：

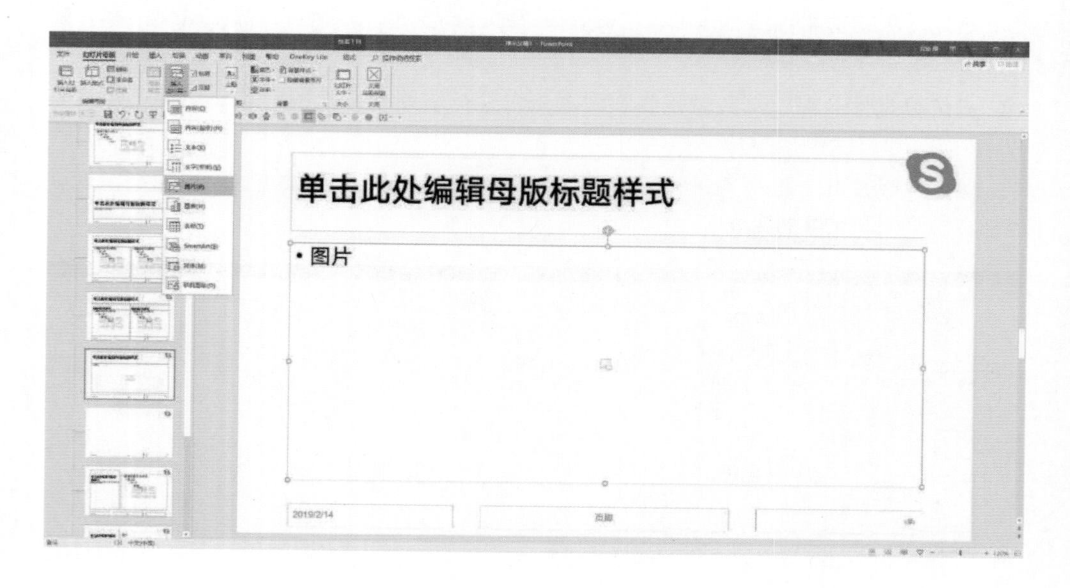

简单介绍了这两个功能，那么，它们是如何建立页面版式的一致性的呢？

其实非常简单，所谓页面版式的一致性，无非就是把一些元素或位置给固定下来。而上面提到的两个功能，则正好有助于实现这一效果。

3.2.3 如何使用母版

接下来，通过一个简单的母版案例来实践一下。

新建一个空白的幻灯片。

通常来说，在一套幻灯片中，页面上需要固定的元素有Logo、底部的说明信息，有些时候可能会有一些修饰元素。具体添加哪些内容，还需要视具体情况而定，这没有统一标准。在这里，先把企业Logo和宣传语放在母版页面上。注意：一定要在母版页面上。

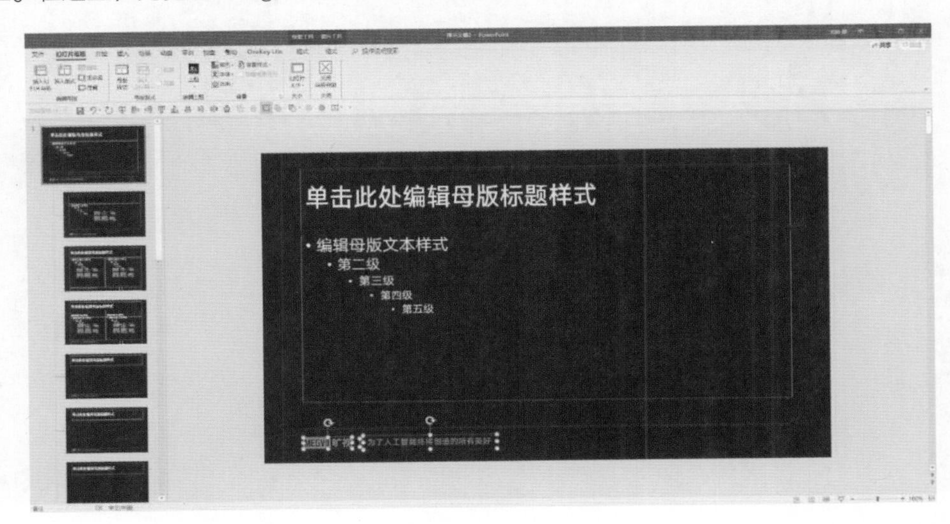

接下来构建一些常见页面的版式。虽然每一页的具体内容会有变化，但需要做的，只是规划内容在页面上的位置，从而形成版式上的一致性。

一般而言，需要确定的版式有：封面、目录页、过渡页和尾页，如果再对页面进行细分，可能还需要表格页、图表页、单图页、多图页、全图页……

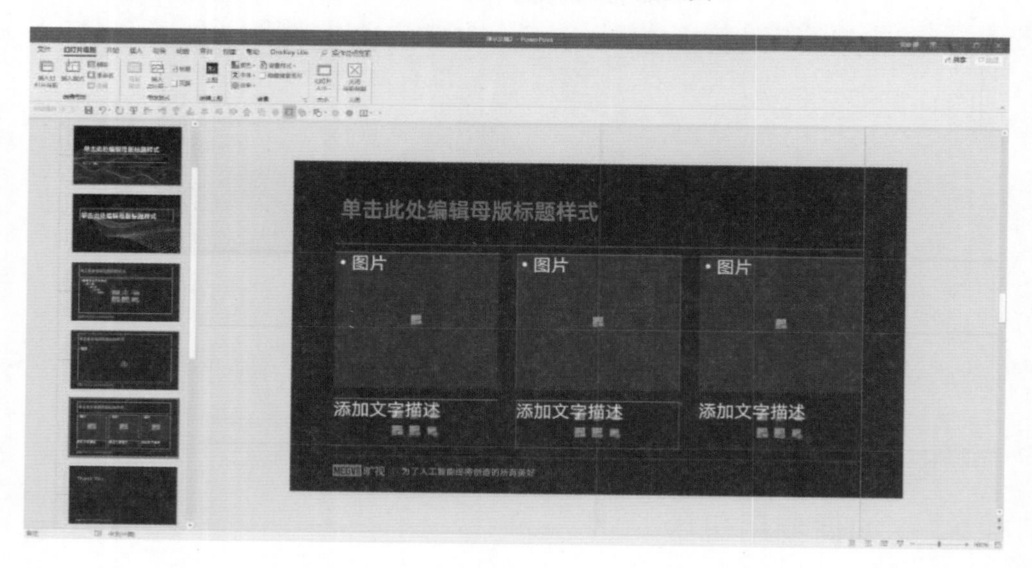

把这些基本的元素固定下来之后，基本上一套PPT的版式就构建好了。

当利用它来设计PPT时，只需把相应的内容填充在版式中，就能做出一套视觉风格非常完整的幻灯片作品。这里把内容填充到相应的版式中：

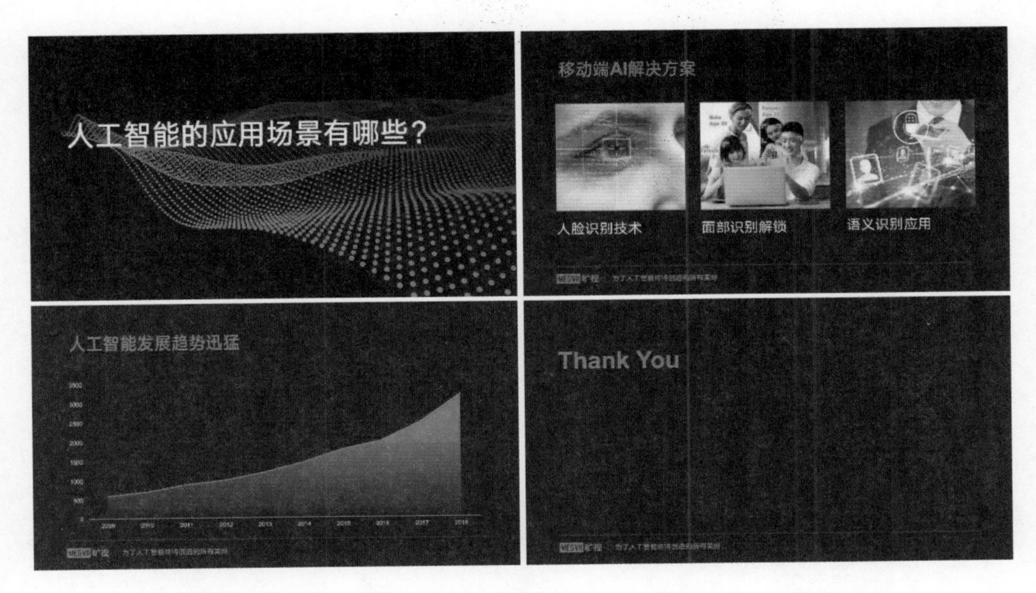

明白了吗？那些看起来视觉风格非常一致的幻灯片，就是这么来的。

3.3　形状的应用

在PPT设计中，形状应该算是最通用的元素，在很多场景下，都可以看到它的身影，不管是内容排版、绘制图形图表，还是进行页面修饰，都会用到形状。在这里，给大家分享一些PPT作品，从中能看到形状的应用：

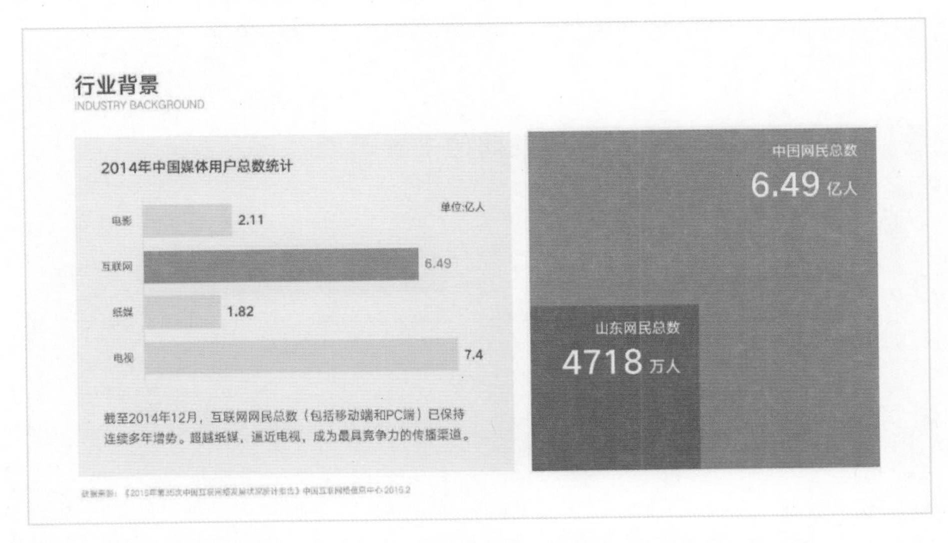

所以，本节就来系统地介绍形状在PPT设计中都有哪些常见的应用场景。

3.3.1 规整杂乱的元素或文字段落

规整杂乱的元素或文字段落，在进行Logo排版的时候尤为明显。因为大多数企业的Logo都是不规则的图形，放在同一个页面上，很容易导致排版杂乱。但如果把它们放在一个相同的形状中，就能够很好地改变杂乱的状况。

简单举个例子，大家可以看一下，虽然 Logo的形状依旧不统一，但是因为底部的形状样式是一致的，所以页面不会显得杂乱。

明白了吗？这是一种最简单的可以对Logo排版的方法。

当然，除了排版Logo之外，但凡在PPT页面上存在不规整的内容，都可以使用这种方法进行规整。

再来看一个例子，比如现在遇到了一些不规整的文字段落的排版：

高血压发病的主要因素

高钠低钾

高钠低钾膳食与高血压病关系密切，我国多数地区人均日摄盐量12~15g

精神紧张

特别是长期从事高度精神紧张工作的人群

饮食

高血压病患者血压随饮食量增加而上升，特别是过量饮食患者

超重肥胖

身体脂肪含量和人体重指数(BMI)与血压水平呈正相关。BMI≥24kg/m²者发生高血压的风险是体重正常者的3~4倍

那么这时候，想要让这个页面变得很规整，只需要在内容的底部加一个统一的形状即可。

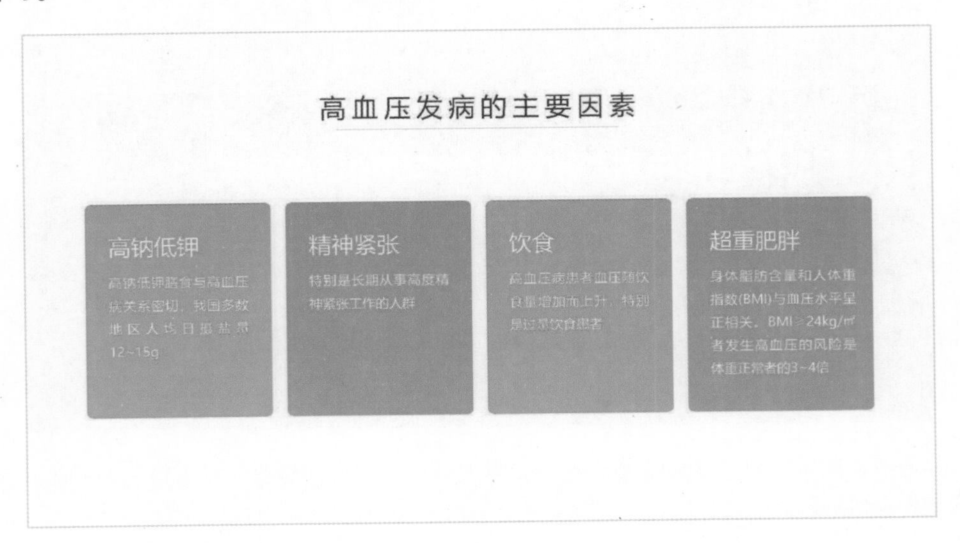

3.3.2 减少背景对文字内容的干扰

有时会需要在背景图片上添加文字，如果只是简单地把文字加在图片上，那么很有可能导致内容看不清楚。

这里有一个很好的方法，在文字底部也就是图片上方添加一个形状，再来简单地调整它的透明度，这样，既可以保证文字内容看得很清楚，也不会过于干扰图片的展示。

当然，还可以把形状铺满整个页面，再次进行透明度的调整，就可以做出一张优秀的全图型幻灯片。

关于如何调整形状的透明度，简单介绍如下。

当在页面上插入一个形状之后，选中并单击鼠标右键，选择“设置形状格式”，在右侧的弹窗中，就可以看到调整形状透明度的选项。

当然，除了半透明形状之外，还可以利用形状来设计渐变蒙版，什么意思呢？

所谓渐变蒙版，是指形状的两侧透明度不同，一般而言，其中一侧为100%透明，就像下面这样：

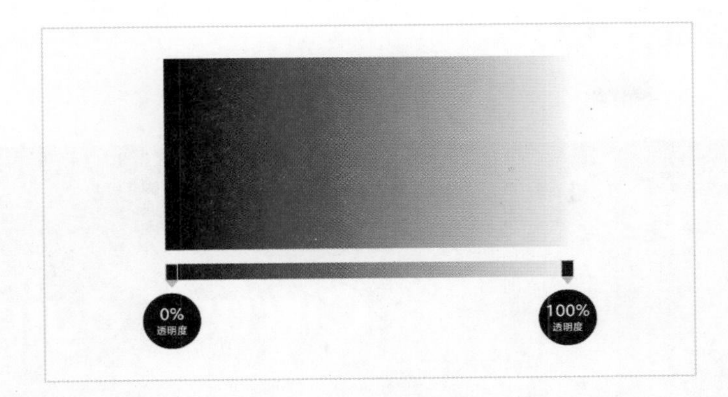

关于形状渐变，在PPT设计制作中有什么可以使用的场景呢？

举两个例子。比如一张图片，图片的宽度不能完整地铺满整个页面。

可以插入一个渐变形状，把未被图片遮盖的区域给盖住，就像这样：

这样就能够呈现一种图片和背景相互交融的感觉，比如以下案例：

3.3.3 绘制可视化图形，更好地表达视觉含义

在本书的第一章讲解了两种类型的可视化：一种是视觉呈现的可视化，另一种是语言表达可视化。

而想要实现图形表达的可视化，就离不开形状的使用。在这里举个例子，以便于读者去理解。

比如想要表现出公共服务的相关内容，利用同样的方式，通过绘制多个圆形，并且让其围绕着一个中心圆形进行排列，就可以用可视化的形式，将不同的方面展现出来：

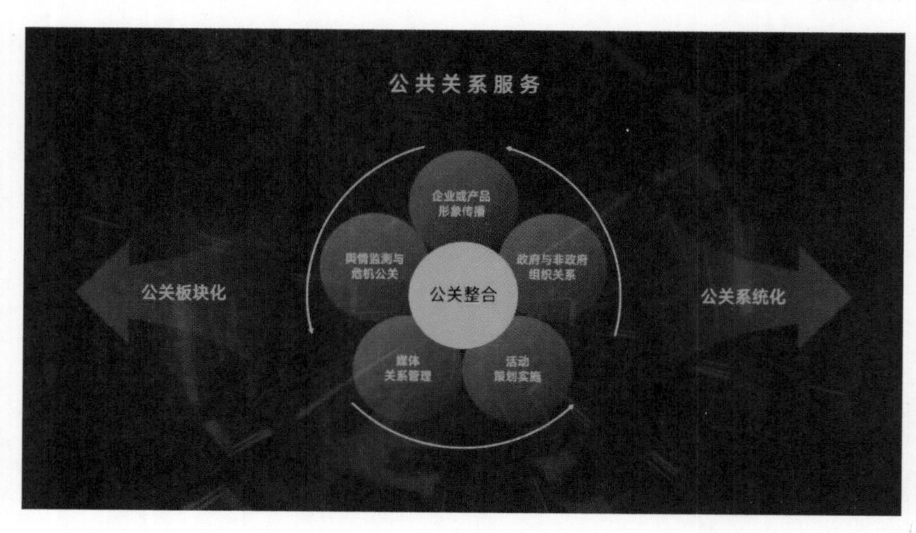

再比如，还可以通过绘制圆形和线条，表现出总分的层级关系：

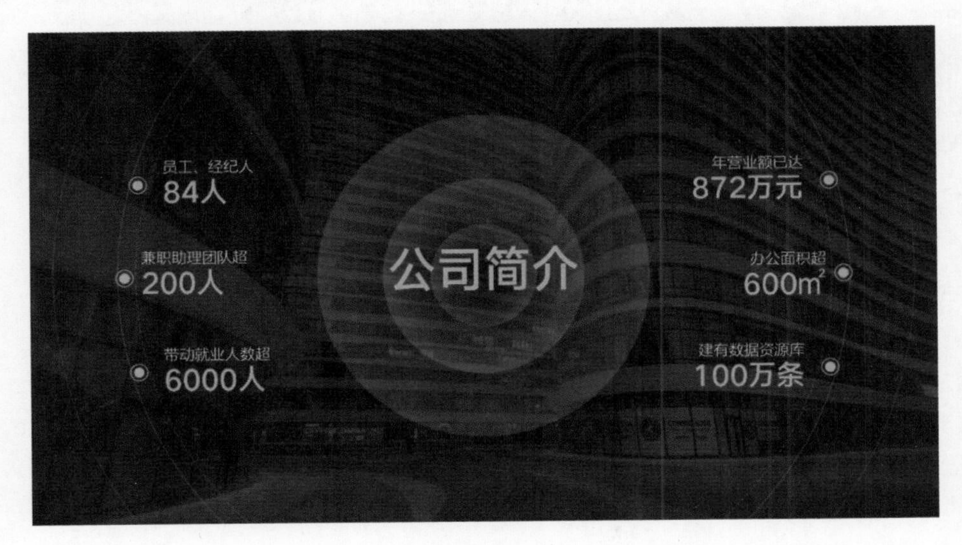

当然，除此之外，在PPT的视觉表达设计中经常用到的可视化图形无非是这么几种：循环、递进、层级、包含、流程、矩阵。

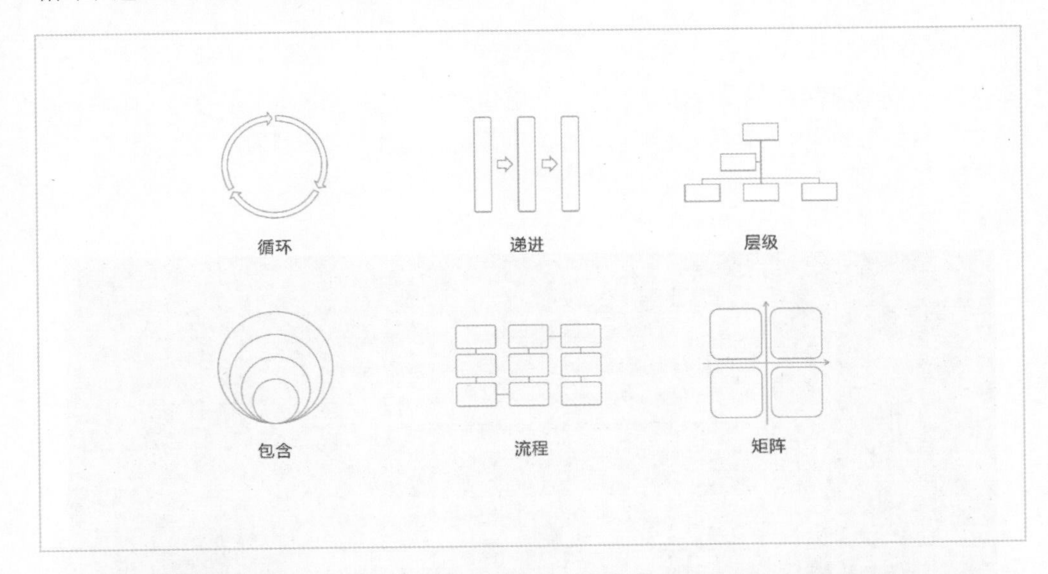

在设计PPT页面时，具体选用哪一种图形，要基于具体的内容逻辑关系来确定。不过，可以培养可视化排版的意识，当看到一页PPT内容时，首先思考能使用哪种形式将其呈现出来。

3.4 PPT页面排版的四个步骤

对一份PPT页面上的内容进行排版布局，使其更加美观地呈现出来，这是制作每一份幻灯片时都需要思考的一个过程。但并非每一个人，都能够很好地做到这一点。下面就来分享一些PPT页面排版的方法。

通过对多页PPT的练习制作，将PPT排版的过程提炼为四个步骤，分别是：

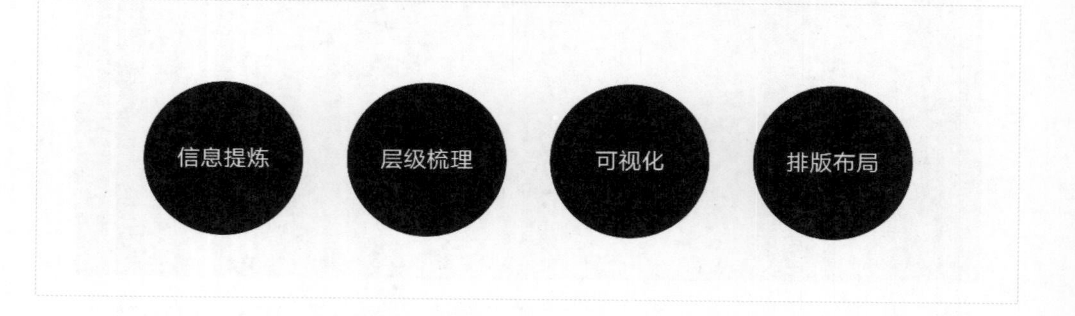

3.4.1 信息提炼

当写完演讲稿后，在将内容从 Word 转移到PPT页面上时，需要将内容进行提炼。

为什么要这样做呢？主要原因在于：书面信息的表达形式是为了便于别人顺畅地阅读文字内容，理解内容的含义，所以，会使用大量的连词，比如“通过”“而且”“导致”等文字；而PPT页面的作用，则是为了能够便于观众以最快捷的方式，注意到信息的重点，所以，与核心内容无关的信息，必须删除。

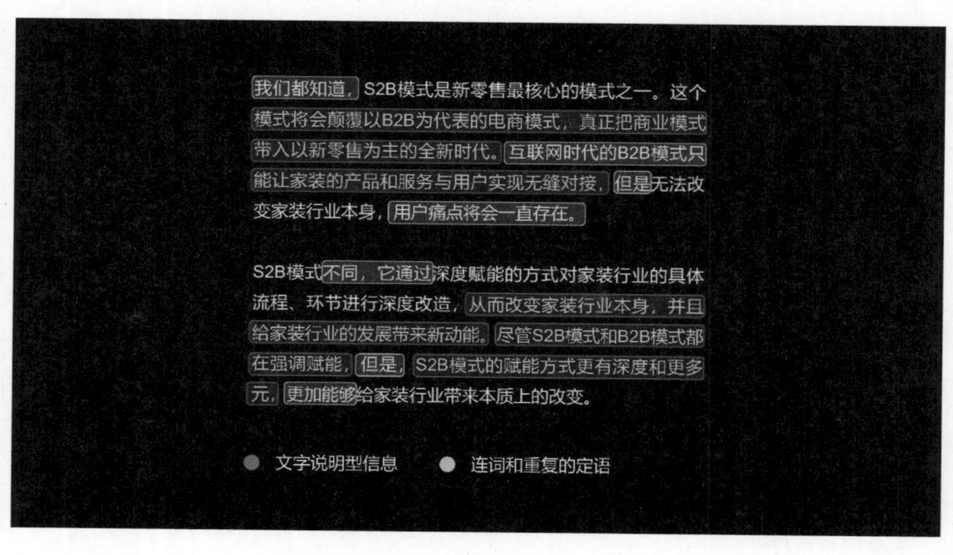

总之，这一切都是为了能够降低观众对PPT的理解成本。

试想，在保持页面传达观点相同的情况下，看到有一大段的文字内容的页面，和一张经过信息提炼后的页面，你会更喜欢哪个呢?

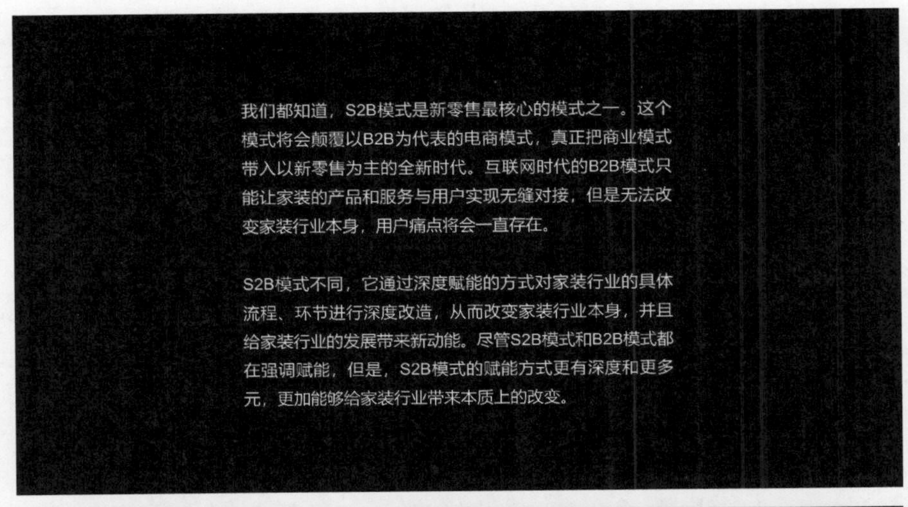

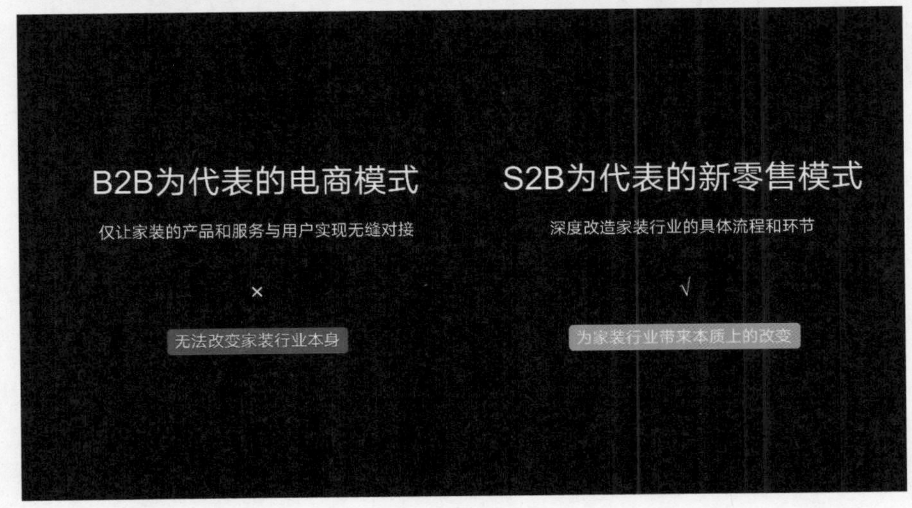

相信答案毋庸置疑。

所以，作为PPT设计师，在正式开始设计PPT之前，要对信息呈现做一些处理。那么问题来了，当面对一大堆枯燥的文字内容时，该如何对文字内容进行有效的信息提炼呢？我们总结了一个方法，叫作论点论据法。这里先来给大家解释两个概念：一个叫论点，另一个叫论据。

什么叫论点呢?

百度百科给出的定义是，论点就是真实性需要加以证实的判断。注意，这里大家一定要记住，论点是一个判断。

如果明白了这一点，那么再来看PPT案例时就会发现，它们很多其实是没有论点的。

比如看到这样的一页PPT，从标题中怎么可以看到它想要表达的是什么？

但注意，这是一句说明性的文字，它不是一个判断，那真正的论点是什么呢？应该是这样的：

明白了吗?

而什么叫论据呢？这个就很简单了，就是证明论点的判断。

而所谓的论点论据法，其实就是通过找到核心论点，并提取相关的论据予以支撑。

论点	2019年，公司整体利润率呈现出明显的上升趋势
论据	公司整体运营成本降低
	公司产品销量提升，涨幅超过120%
	国家出台了全新的税务政策，企业所得税降低

为了便于理解这个方法，下面通过一个案例来详细地讲解一下。

比如就拿这样的一段文字来说：

> 一个智能的解决方案，与传统集成系统相比，它进行了更加深入的优化设计，以最大化发电量为导向的一体化设计理念，给客户带来更多价值，同时还便于项目维护，该系统的跟踪系统故障率降低90%，项目运维软硬件投资降低50%，相比传统系统发电增益40%。

当看到这样的一段文字后第一步要做的，就是找到它想要表达的核心思想，也就是论点。

而如果想要解决这个问题，就需要先来搞定另外一个问题，那就是如何才能找到一段话的论点呢？这里也有两种简单的方法，通过一些简单的案例，帮助各位理解一下。

归纳法

归纳法指通过对论据的共性总结，提取出相同点，从而提出一个判断。

比如某公司共持有3款产品，其中：

A产品投资收益率为25.3%

B产品投资收益率为27.6%

C产品投资收益率为31.5%

那么，它们的共同点是什么呢？是公司产品收益率普遍较高，超过市场平均水平的25%。

演绎法

这个方法在中学时代就已经接触过，它的核心就是三段论。比如说：

大前提：水在0℃以下会变成冰。

小前提：目前的气温为零下10℃。

结论：水一定会结冰。

当用这种方法提取论点时，其实原理就和上面的案例一样，为了便于理解，下面举个例子。

假如在页面上看到这样一组数据：

A公司在母婴领域占据的市场份额超过60%

很明显，这是一个描述性的数据信息，它不是论点，那么，从这个数据中能得出什么结论呢？上述关于市场份额的叙述相当于小前提。众所周知的大前提是：当一家公司占据市场份额超过50%时，就可以判定为行业垄断，所以，就能得出一个结论，某公司在A领域出现了垄断性行为。

大前提	当一家公司占据市场份额超过50%时，属于行业垄断
小前提	A公司在母婴领域占据市场份额超过60%
结论	A公司在母婴市场为垄断经营

因为满足了某些条件或者标准，所以就能得出相应的结论。

那么，继续回到前面那个案例，如何利用前面提到的两种方法来找到内容所要表达的核心观点呢？通过归纳法可以来分析一下这段内容：

系统的跟踪系统故障率降低90%

项目运维软硬件投资降低50%

相比传统系统发电增益40%

那么，它们的共同点是什么？其实在文段中也有所提及，就是智能的解决方案给客户带来更多价值，且便于项目维护。

论点	智能的解决方案给客户带来更多价值，且便于项目维护
论据	

当找到文段的论点之后，接下来就需要论证，为什么观点是成立的？也就是要找到相应的论据。

那么如何才能证明这个观点呢？这就相对简单很多，只需在原文中把能支撑论点的信息找出来即可。

论点	智能的解决方案给客户带来更多价值，且便于项目维护
论据	系统的跟踪系统故障率降低 90%
	项目运维软硬件投资降低 50%
	相比传统系统发电增益 40%

这时候就会发现，原本的一大段内容，现在变成了结构非常清晰的论点和论据，对比一下，哪一种呈现方式更容易让别人理解呢？

结论显而易见。

当然，即便在用论点论据法进行信息提炼时没有删减很多的内容，也可以通过这个方法，来梳理信息的结构，从而让内容能够更有条理地被呈现出来。

再来看一个案例，比如现在面对这样的一段文字内容，需要将其转换成PPT页面。从内容来看，这段企业介绍型的文字，在表达上，已经足够精炼了，那么，还能够如何对其进行处理呢？

> 华为技术有限公司，全球领先的ICT（信息与通信）基础设施和智能终端提供商。我们在通信网络、IT、智能终端和云服务等领域为客户提供有竞争力、安全可信赖的产品、解决方案与服务，与生态伙伴开放合作，持续为客户创造价值，释放个人潜能，丰富家庭生活，激发组织创新。目前，有18万名员工，业务遍及170多个国家和地区，联合创新中心36个，研究院/所/室14个。

先来提炼核心论点，这段话主要是围绕着什么来展开的呢？毫无疑问，是这一句：

华为技术有限公司，全球领先的ICT（信息与通信）基础设施和智能终端提供商。

如何证明自己是全球领先呢？从内容来看，基本上包含了两个方面，分别是集团业务以及集团资源。所以，通过层级梳理，可以让页面效果更加清晰。

虽然并没有删减原文中的信息，只是重新进行了结构化的呈现，效果看起来也会好很多。

这就是信息提炼的方法：论点论据法。

因为这是非常重要的一个步骤，所以再来通过一个案例进一步理解。

比如现在有这样一段文字内容，需要把它做成PPT，那么该如何对信息进行提炼呢？

儿童经纪服务市场是有待开发的金矿，随着我国二胎政策的放开，儿童人口规模日渐扩大，家长对儿童的日常素质教育也更加重视，“儿童经济”全面开花。根据中国盈石集团研究中心调研数据显示，我国儿童消费市场规模已接近4.5万亿元，其中儿童娱乐消费市场的规模突破4600亿元。儿童娱乐消费市场尽管目前已经规模庞大，但其巨大能量还远未释放出来，中国儿童娱乐消费市场仍然是有待开发的金矿。

儿童影视业务、儿童活动（赛事）业务是儿童娱乐消费市场的重要组成部分。2017年我国国产电影票房达301.04亿元，其中儿童电影《喜羊羊》《熊出没》等动画系列电影加上《爸爸去哪儿》等有近50亿元票房（数据来源：国家新闻出版广电总局电影局）。

随着儿童文娱产业的蓬勃发展，对儿童艺人的需求必将越来越大。已有不少创业者瞄准该市场。

通过对内容的分析会发现，其实这一大段文字内容，在谈的内容就是这样的信息：

3.4.2　层级梳理

有了关键信息之后，接下来就需要对这些信息进行区分，哪些是重点，哪些是非重点。用专业一点的词来讲，就叫层级梳理。对于重点的内容，通过一些方法，着重体现出来。

比如上面的那些内容，它的层级是什么样的？

这时页面上已经有了简单的层次感，而且重点也很突出，对吗？

3.4.3 可视化

如果内容存在逻辑关系，那么为了能够让别人更容易理解其中的关联性，可以通过绘制一些逻辑图形，将这种关系体现出来。

常见的内容含义，无非是并列关系、包含关系、循环关系、递进关系等。那么前面的那一段内容，它们的关系是什么呢？很显然，从文案中基本可以理解到，它在谈的，无非是两组数据的占比关系，对吗？为了让其更具可视化效果，可以绘制一些可视化的图形来表现出之间的关系：

当然，如果不喜欢使用矩形，还可以考虑使用圆形，就像这样：

如果从文案进行分析，可以看到，它的文案中体现了一个关键词，叫作“金矿”，所以，可以进一步进行可视化，把圆形换成“山石”的感觉：

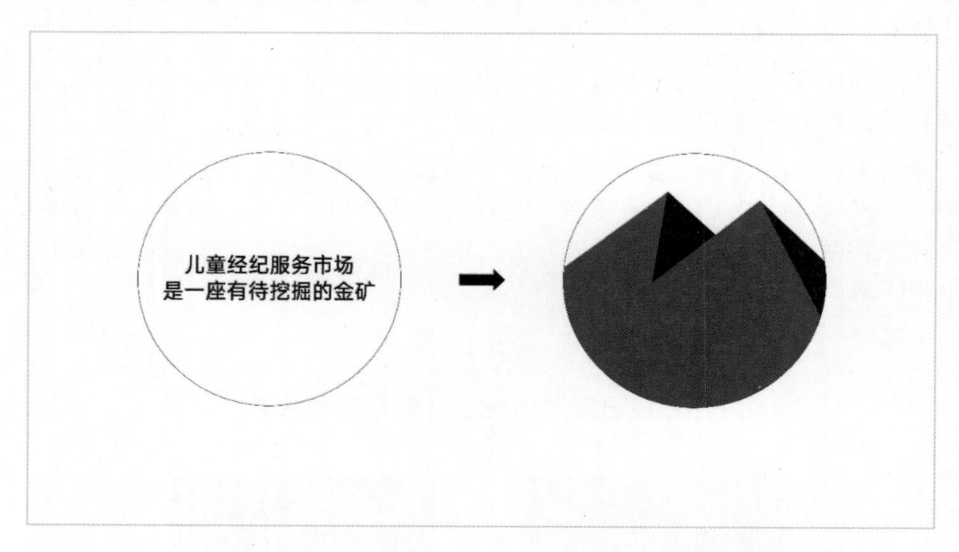

3.4.4 排版布局

有了可视化图形之后，其实基本上页面的样式已经成型了。我们要做的，只是把它们按照相应的关系，摆放在PPT页面上即可。比如上面的例子，把它摆放在页面上之后，它就变成了这个样子：

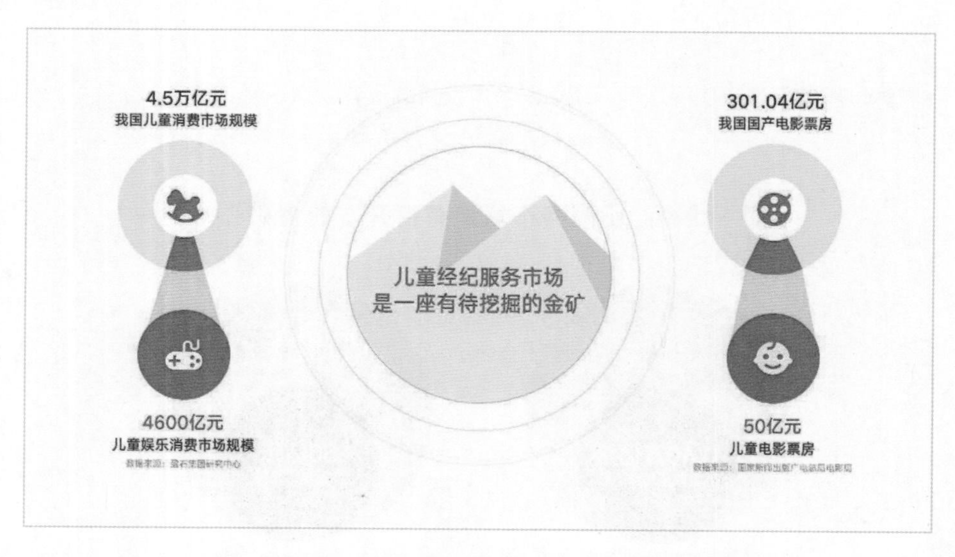

明白了吗？非常简单的4个步骤，就能够公式化地帮你搞定一张PPT的排版。

3.5　排版细节

在PPT排版中，在页面的版式框架方面，很多人应该做得都差不多，无非就是上下布局、左右布局等。但是，为什么在排版中，仍旧会有美丑之间的差别呢？其实，**所谓优秀的排版，无非就是细节处理得好**。而这，正是大多数人容易忽略的地方，所以，就来跟各位分享这些小细节。

3.5.1　标题和正文的字号设定

在排版时，为了能够体现出层次，通常来说，我们会为标题文字设置较大的字号，正文字号相对会小一些。但是，不知道你是否想过，**标题和正文的字号，到底应该设置为多大呢**？

很多人可能会随意地设定，但是这样并不好。在做了大量的PPT设计后，我们总结了一个经验：在PPT排版中，**建议标题字号是正文字号的1.5倍**。

比如下面这个段落：

24

×

1.5

16

荣耀V10或年底现身
麒麟970+全面屏

华为mate10系列的推出，除了证明了国产手机的强大，还带来了一款强悍芯片麒麟970，并肩骁龙835般的存在。荣耀V10作为荣耀旗舰，无疑是搭载麒麟970的首选，荣耀畅玩7X已经率先采用全面屏设计，荣耀V10能否在此基础上优化体验，令人好奇。

用到PPT实际场景中，也会非常合适：

3.5.2 页内元素的间距小于页面左右边距

这是什么意思呢？解释起来会很啰唆，我们直接举一个案例。

比如下面这页幻灯片，在排版中常会遇到，页面上要摆放几个元素，那么，这几个元素之间的距离到底应该多大呢？

这里有一个恒定的规则是：B<A即可。而至于为什么元素间距要小于边距，是因为这样会让页面上的内容在视觉上产生关联性，否则，看起来就会很分散。

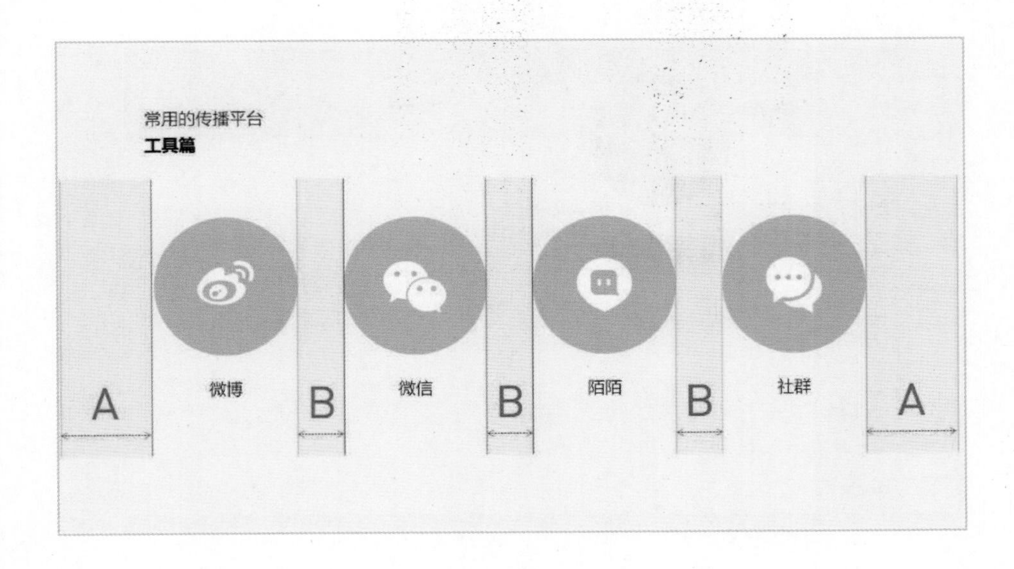

3.5.3 大段文字如何排列才更加整齐

这是一个很常见的情况，页面上遇到大段内容了，可能会由于标点符号、英文单词、数字等存在，导致页面边缘难以对齐，显得很乱。那么，这时候该怎么办呢?

很简单，经验就是：**对文字段落设置两端对齐即可。**

如图：

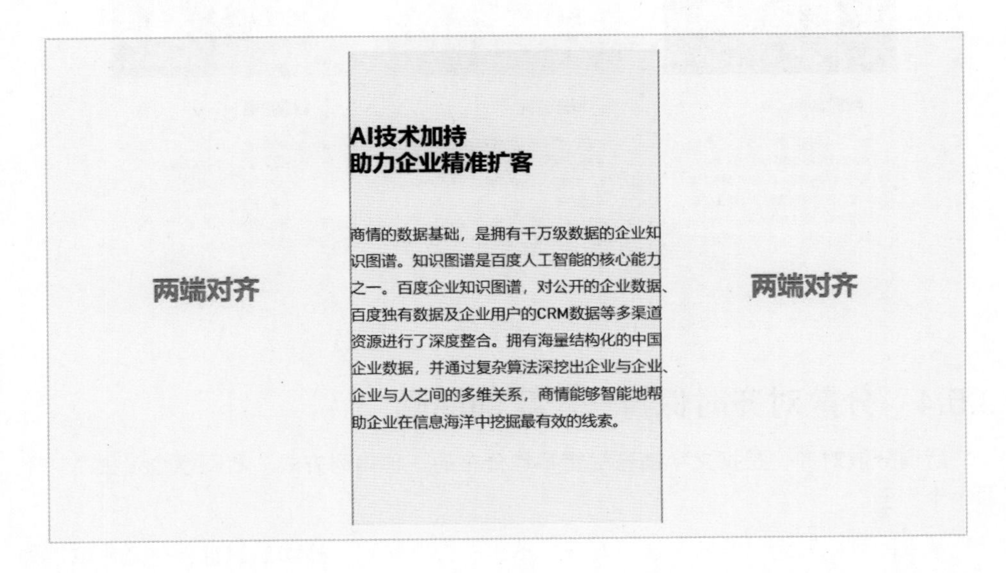

操作步骤为：选中段落 > 单击“段落”选项卡，将对齐方式更改为两端对齐即可。

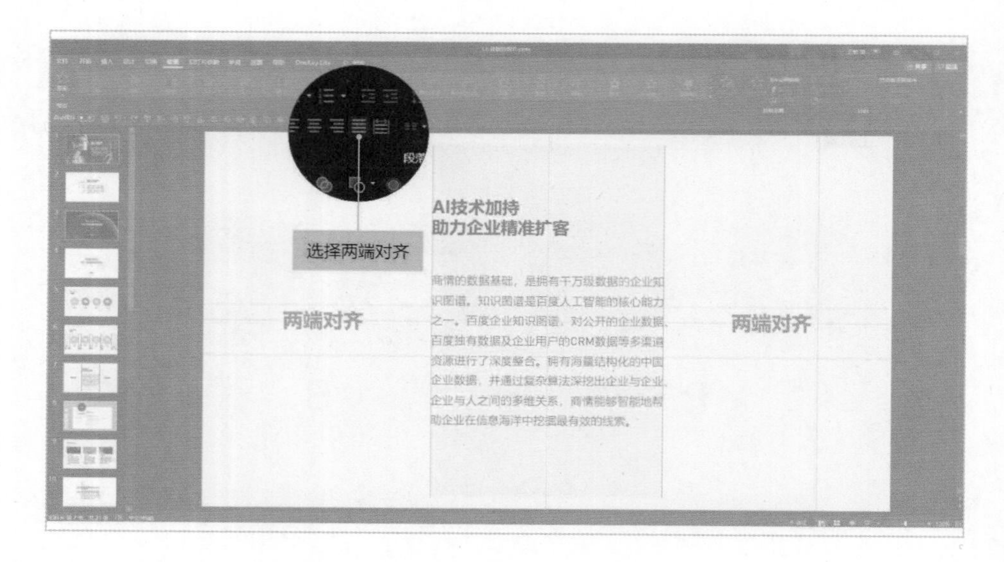

看一个实际的案例。排版是不是很整齐?

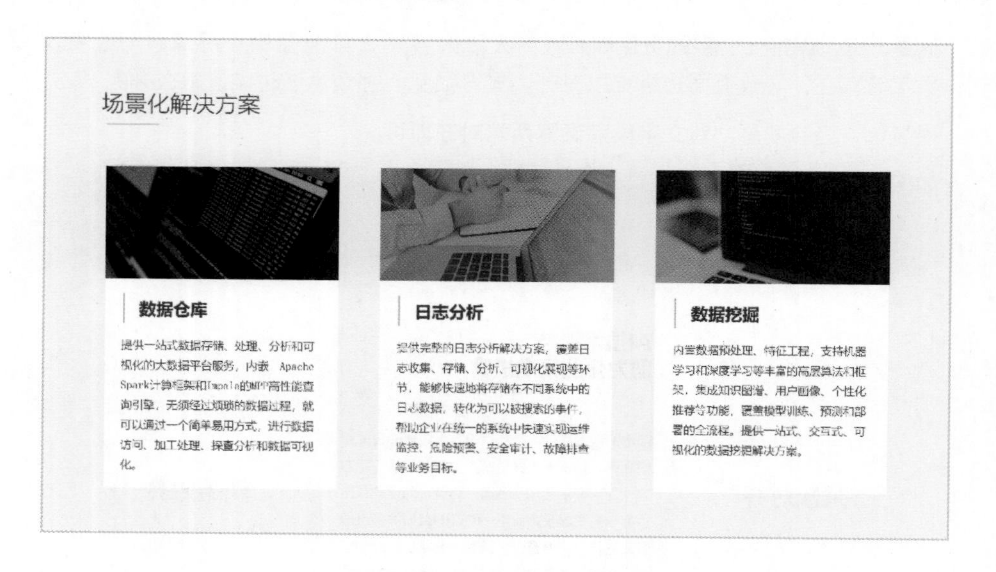

3.5.4 分散对齐时保持一个字的间隔

所谓分散对齐，是指文字随着栏宽平均分布的一种排列方式。看不懂也没关系，下面举个例子。

从下图可以看到，不同于居中对齐，这里的标题文字“**移动重塑世界**”是分散排列的。

那么问题来了，分散对齐时，应该多分散呢？字与字之间的距离应该是多大呢？很多人可能会选择与“**2017全球移动宽带论坛**”保持一样的宽度。但这样不好。我的经验是：**不要过宽，保持一个字的宽度即可。**

移动重塑世界

2017全球移动宽带论坛

×

邵云蛟

至于为什么要保持一字间隔，这是因为，如果文字间的距离过大，会导致别人在阅读时特别不顺畅，因为这时候，**别人不是读一句话，而是逐一地阅读每一个文字。**

当然，在排版中，以上都是一些细节，也是区分“大神”和“小白”水平的一些细节，**很多优秀的PPT作品，之所以优秀，并非表面看起来那么简单，而是因为在局部的细节上，处理得非常棒。**所以，希望大家在排版时能够注意到这些地方。

3.6 全图型PPT制作

顾名思义，从名字也可以看得出，所谓全图型PPT，就是整张图片作为PPT页面的背景，就像这样：

以驾驶场景体现“驾车模式”这一概念。

以演唱会现场体现“现场录音”这一概念。

全图型PPT比较适合文案少的页面，而这种幻灯片页面的好处在于，可以在更大程度上增强文案的可视化效果，让观众更有代入感。那么，如何才能做好一张全图型PPT呢？可以分为三个步骤，如果你能遵循这些就一定能做出优秀的全图型PPT。

- 基于文案内容，寻找相关配图。
- 基于图片确定文案的布局样式。
- 借助蒙版，凸显文案焦点。

3.6.1 找到合适的配图

既然要制作全图型PPT，离开图片肯定不行，所以，选择一张与文案内容想表达含义相符的图片用在背景中是第一步。至于如何才能找到这些图片，在这里就不赘述了，可以翻看前面章节的内容。

下面通过几个例子来更好地理解一下，图片对文案内容的可视化呈现效果。

比如需要制作一张表现发展迅猛的PPT，那么，可以考虑选择一张汽车光轨的图片：

在实际设计制作PPT时，还需要基于设计需求进行寻找。

有一点需要注意，如果很难找到与文案内容相关联的图片，那么就需要亲自制作。比如当需要表现产品数量或者资源丰富的时候，可能需要用到图片墙，就像这样：

使用图片墙的形式来表现数量的丰富感，非常合适。在这里向大家推荐一款拼图软件，CollageIt Pro，使用它可以轻易地完成各种尺寸的拼图制作。

那么，它是如何使用的呢？非常简单，把很多张图片传上来，选择一个拼接的样式，即可自动生成一张图片墙，非常好用。

当然，除了可能会用到拼图，有些时候，甚至需要对多张图片进行合成，这里就需要使用专业的图像处理软件，比如Photoshop等，因为这种页面的使用场景较少，所以不再展开来讲。

3.6.2 确定文案的布局样式

这一步的主要作用，是为了能够让图片与文字更好地结合，呈现出更加美观的布局样式。

布局最通用的一种方法，就是居中型构图。

很简单，就是把文案放在页面的中心，这是一种非常简单大方的布局样式，而且操作难度很低，就像这样：

这里向大家提供一个小的建议，通常来讲，可以把文案内容放在中心偏上一些的位置，这样在视觉呈现效果上会更加美观。

举一个例子，比如这样一个页面：

可以看到，它的文字重心并非是正好处在中轴线，而是向上进行了些许偏移：

当然，除此之外还有两种构图方式，一种是居左型，另一种是居右型。而具体使用哪一种，需要基于图片内容来确定，不过有一个总体的原则，就是视觉平衡。

什么意思呢？比如现在有一张图片是这样的：

我们看到，图片的视觉是不平衡的，画面所有的重心聚集在画面右侧，而左侧较空，对吗?

那么，为了让视觉达到一种平衡感，在排版时就需要把文案内容放在另一端：

当把一些文案内容放在这里时，就能够很好地进行视觉平衡：

为了便于理解，再来看一些案例：

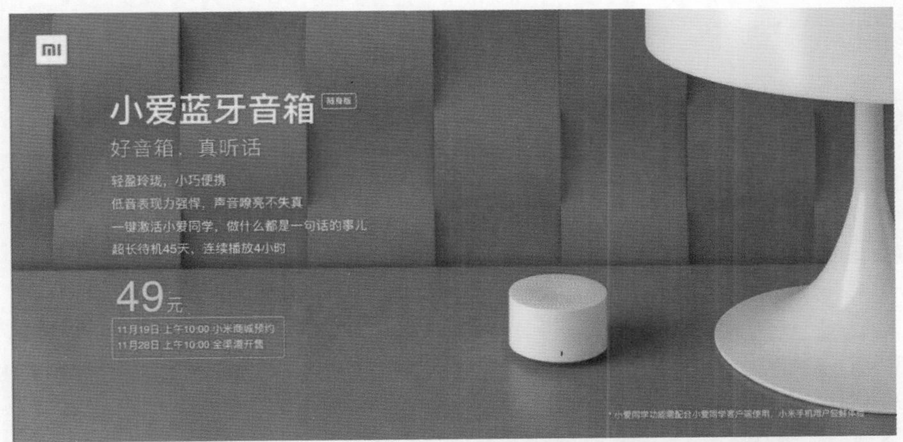

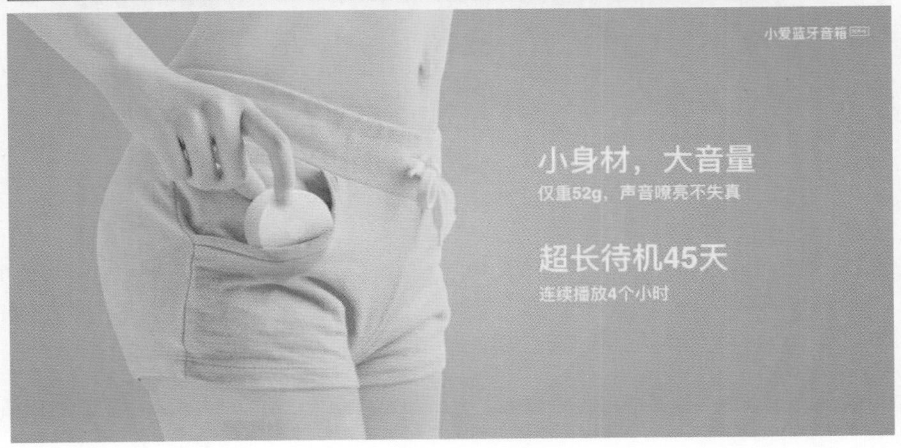

明白了吗？这就是在确定布局方式时，需要考虑的一些因素，非常简单。

3.6.3 凸显文案焦点

因为有些图片的内容较为复杂，如果直接把文案放在上面，就会导致文字内容看不清楚，所以，这时候需要借助一层半透明的形状，也就是蒙版，来弱化图片，突出文案。

什么意思呢？简单看一个案例，如果直接把文字写在选好的图片上，那么背景图片就会在一定程度上干扰文字呈现：

而如果能够在文字层和图片层的中间插入一个半透明形状，就能够解决上述问题。

这里说的半透明形状，就是蒙版。下面是一个简单的图示关系，方便理解：

而蒙版是如何被插入到图片和文字中间的呢？很简单，只需先在页面上插入图片，然后，插入形状，选择矩形，绘制一个覆盖全屏的形状，在“设置形状格式”弹窗中，找到透明度，调整即可：

下面，通过几个案例，来更好地理解一下。

这里再来补充一点，关于形状的透明度设置，一般以深色为主，透明度设置为30%~50%均可。什么意思呢？简单举个例子，比如像这一页PPT：

因为背景图片过亮，如果不添加透明形状，就会干扰文字呈现，所以，可以添加一层渐变形状来遮盖文字底部的图片，所以，可以把形状上层的透明度设置为30%，下层设置为100%即可。

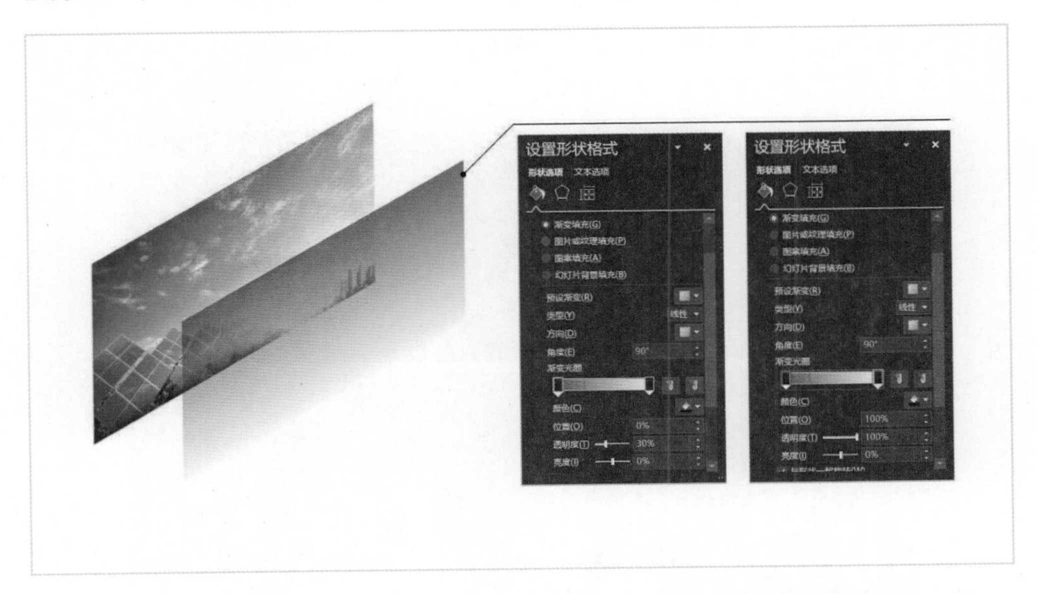

上面就是制作全图型PPT的三个步骤，非常简单，但可以轻松地创建出非常震撼的视觉效果。

最后，再来强调一点，在这三个步骤中，图片的选择非常重要，如果能够选择一张与文案内容契合度较高的图片，将会很好地将文字含义体现出来。

3.7 表格设计

对于信息量较大的内容来讲，一般会选择使用表格来进行承载。因为它可以让信息变得更加规整，而且更便于信息之间的对比和梳理。

但不得不说，对于很多人来讲，往往很难设计出一个非常美观的表格，所以，做出来的表格大概是这样的：

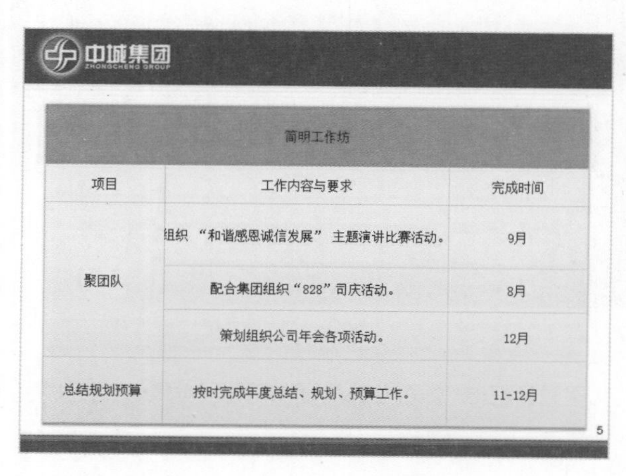

简明工作坊		
项目	工作内容与要求	完成时间
聚团队	组织“和谐感恩诚信发展”主题演讲比赛活动。	9月
	配合集团组织“828”司庆活动。	8月
	策划组织公司年会各项活动。	12月
总结规划预算	按时完成年度总结、规划、预算工作。	11-12月

其实想要做出一份高规格的PPT表格并不难，如果能够掌握一些行之有效的方法，每个人都能够轻松地完成类似这样的表格设计：

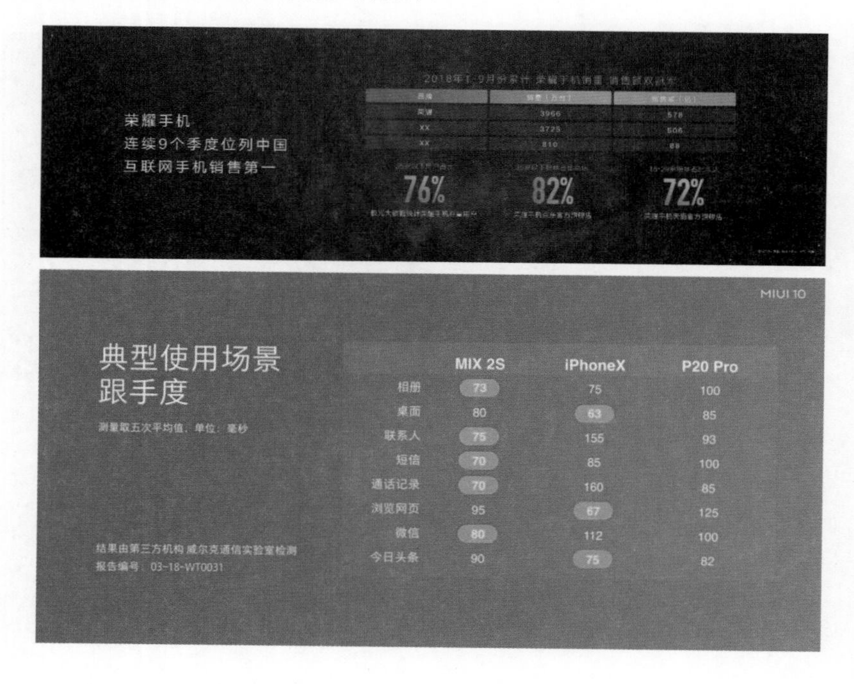

这两个看起来还算是比较不错的表格设计了，对吗？那么，对于PPT中的表格设计来说，有什么方法呢？很简单，这个方法分为三个步骤。分别是：

接下来就通过一些具体的案例，来实际了解一下。比如下面这一页PPT：

联想/Thinkpad品牌专区报价

关键词	[illegible]URL	物料类型	流量来源	历史日均检索量[千]	月[illegible]价【万元】	月刊例价（5折）【万元】	PC全年购买(8折)【万元】
联想乐 phone	www.lenovo.com.cn	标准样式	PC	110	137	68.5	857.6
[illegible]	www.lenovo.com.cn	标准样式	无线	25.2	25	12.5	
Thinkpad 官网	ThinkPad.com	标准样式	PC	10.8	90	45	432
Thinkpad 台式电脑	ThinkPad.com	标准样式	无线	3.2	17	8.5	
总计				149.2	269	134.5	1089.6

ThinkPad.

3.7.1　去除多余的修饰效果

无论是刚刚在页面上插入一个表格，还是已经在PPT页面里有一个丑陋的表格，第一步需要做的是把所有的修饰元素去掉，并去掉多余的填充效果。

去除到什么程度呢，记住一个标准，仅留下内容即可，就像这样：

联想/Thinkpad品牌专区报价

关键词	主跳转URL	物料类型	流量来源	历史日均检索量[千]	月刊例价【万元】	月刊例价（5折）【万元】	PC全年购买(8折)【万元】
联想乐 phone	www.lenovo.com.cn	标准样式	PC	110.0	137.0	68.5	657.6
联想电脑	www.lenovo.com.cn	标准样式	无线	25.2	25.0	12.5	
Thinkpad 官网	ThinkPad.com	标准样式	PC	10.8	90.0	45.0	432.0
Thinkpad 台式电脑	ThinkPad.com	标准样式	无线	3.2	17.0	8.50	
总计:				149.2	269.0	134.5	1089.6

ThinkPad

而去除表格修饰的方法很简单，只需选中表格，将其设置为无填充，当然，如果想去掉边框，也可以选择设置为无轮廓：

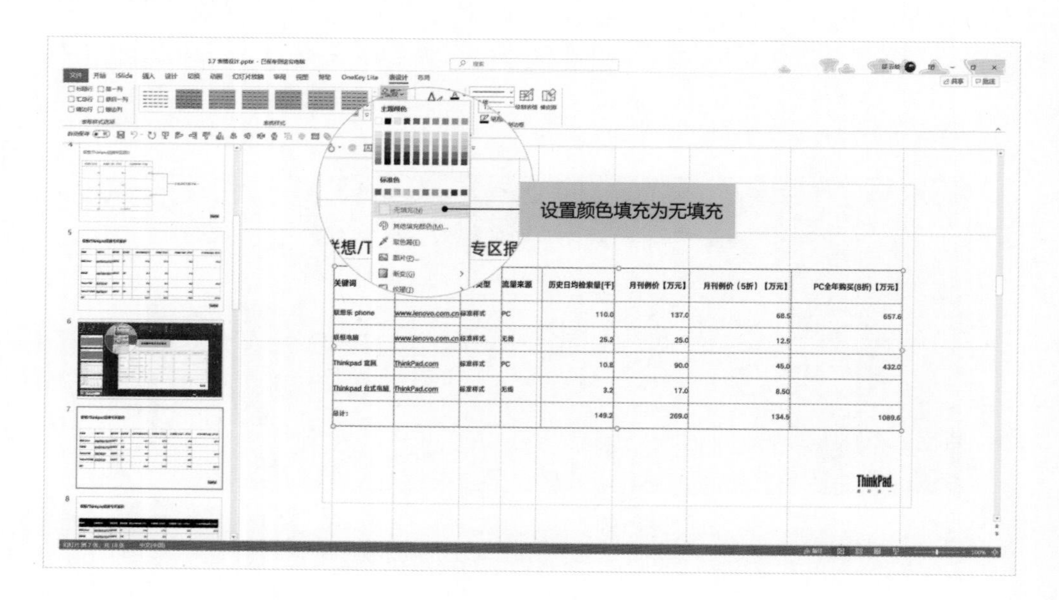

3.7.2 统一内容的对齐方式

把表格中的所有内容，按照统一的对齐方式进行排列，比如统一左对齐，或者是统一居中对齐。不要出现同一列表格中，出现两种及以上的对齐方式。这一步的主要作用是让页面的信息看起来更加整齐。

联想/Thinkpad品牌专区报价

关键词	主跳转URL	物料类型	流量来源	历史日均检索量[千]	月刊例价【万元】	月刊例价（5折）【万元】	PC全年购买(8折)【万元】
联想乐 phone	www.lenovo.com.cn	标准样式	PC	110.0	137.0	68.5	657.6
联想电脑	www.lenovo.com.cn	标准样式	无线	25.2	25.0	12.5	
Thinkpad 官网	ThinkPad.com	标准样式	PC	10.8	90.0	45.0	432.0
Thinkpad 台式电脑	ThinkPad.com	标准样式	无线	3.2	17.0	8.50	
总计:				149.2	269.0	134.5	1089.6

ThinkPad

注意，如果表格中有数据，那么需要先来统一小数点后的位数。主要考虑到小数点后的位数如果不统一，那么会对数据的阅读带来不便，甚至会存在一定的阅读障碍。

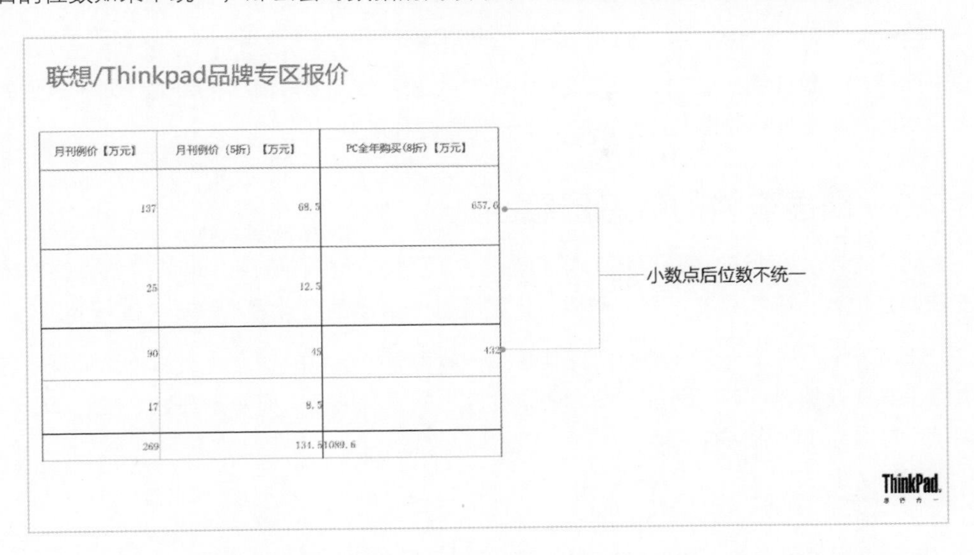
联想/Thinkpad品牌专区报价

月刊例价【万元】	月刊例价（5折）【万元】	PC全年购买(8折)【万元】
137	68.5	657.6
25	12.5	
90	45	432
17	8.5	
269	131.5	1089.6

而为了能够让别人更加轻松地读数，可以借鉴会计记账的方式，对小数点后面的位数进行统一，做成这样：

联想/Thinkpad品牌专区报价

关键词	主跳转URL	物料类型	流量来源	历史日均检索量[千]	月刊例价【万元】	月刊例价（5折）【万元】	PC全年购买(8折)【万元】
联想乐 phone	www.lenovo.com.cn	标准样式	PC	110.0	137.0	68.5	657.6
联想电脑	www.lenovo.com.cn	标准样式	无线	25.2	25.0	12.5	
Thinkpad 官网	ThinkPad.com	标准样式	PC	10.8	90.0	45.0	432.0
Thinkpad 台式电脑	ThinkPad.com	标准样式	无线	3.2	17.0	8.50	
总计：				149.2	269.0	134.5	1089.6

ThinkPad.

关于统一小数点后的位数，可以选择四舍五入，也可以在一个整数后添加小数点，比如想要统一保留到小数点后一位，就可以把110改为110.0，而像75.86，就可以修改为75.9。

而且，不仅要统一位数，如果表格中存在数据信息，通常情况下，为了便于数据的大小对比，尽量保持数据右对齐，这也是一个数据对齐的技巧。

3.7.3 凸显表格的信息层级

到这一步，表格的信息已经非常整齐了，但缺少一些层级感。也就是说，很难分清哪些是重点，哪些是非重点，所以，还需要基于自己的设计需求进一步进行处理。

通常来说，对于一个表格而言，其表头一般为第一层级的信息，当然，如果想要重点突出某些数据，也可以通过一些方法来提升它的视觉层级。而对于凸显表格信息层级来讲，可以采用的方法有三种。

修改文字字号

这一点很容易理解，就是把标题信息文字的字号放大，就像这样：

联想/Thinkpad品牌专区报价

关键词	主跳转URL	物料类型	流量来源	历史日均检索量[千]	月刊例价【万元】	月刊例价（5折）【万元】	PC全年购买(8折)【万元】
联想乐 phone	www.lenovo.com.cn	标准样式	PC	110.0	137.0	68.5	657.6
联想电脑	www.lenovo.com.cn	标准样式	无线	25.2	25.0	12.5	
Thinkpad 官网	ThinkPad.com	标准样式	PC	10.8	90.0	45.0	432.0
Thinkpad 台式电脑	ThinkPad.com	标准样式	无线	3.2	17.0	8.50	
总计:				149.2	269.0	134.5	1089.6

ThinkPad.

利用色块对比

对于不同层级的内容，选择不同深浅的色块进行区分，这样也可以起到有效的对比作用。

联想/Thinkpad品牌专区报价

关键词	主跳转URL	物料类型	流量来源	历史日均检索量【千】	月刊例价【万元】	月刊例价（5折）【万元】	PC全年购买(8折)【万元】
联想乐 phone	www.lenovo.com.cn	标准样式	PC	110.0	137.0	68.5	657.6
联想电脑	www.lenovo.com.cn	标准样式	无线	25.2	25.0	12.5	
Thinkpad 官网	ThinkPad.com	标准样式	PC	10.8	90.0	45.0	432.0
Thinkpad 台式电脑	ThinkPad.com	标准样式	无线	3.2	17.0	8.50	
总计:				149.2	269.0	134.5	1089.6

ThinkPad.

借助线条体现

一般来讲，对于表头和表格底部，会采用粗线条或者实心线条，而对于表格中的内容而言，会采用虚线条或者较细的线条，就像这样：

联想/Thinkpad品牌专区报价

关键词	主跳转URL	物料类型	流量来源	历史日均检索量[千]	月刊例价【万元】	月刊例价（5折）【万元】	PC全年购买(8折)【万元】
联想乐 phone	www.lenovo.com.cn	标准样式	PC	110.0	137.0	68.5	657.6
联想电脑	www.lenovo.com.cn	标准样式	无线	25.2	25.0	12.5	
Thinkpad 官网	ThinkPad.com	标准样式	PC	10.8	90.0	45.0	432.0
Thinkpad 台式电脑	ThinkPad.com	标准样式	无线	3.2	17.0	8.50	
总计：				149.2	269.0	134.5	1089.6

ThinkPad

无论采用哪一种样式都可以。而修改表格线条的方法也很简单：

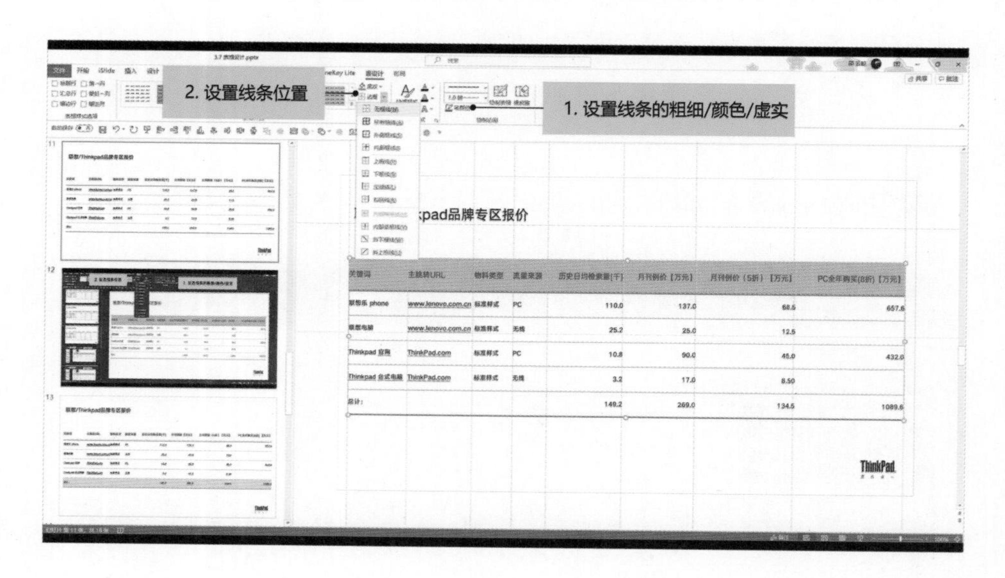

当然，除了这两个操作之外，如果想要局部进行信息的凸显，可以修改相应行或列的色彩填充，就像这样：

联想/Thinkpad品牌专区报价

关键词	主跳转URL	物料类型	流量来源	历史日均检索量[千]	月刊例价【万元】	月刊例价（5折）【万元】	PC全年购买(8折)【万元】
联想乐 phone	www.lenovo.com.cn	标准样式	PC	110.0	137.0	68.5	657.6
联想电脑	www.lenovo.com.cn	标准样式	无线	25.2	25.0	12.5	
Thinkpad 官网	ThinkPad.com	标准样式	PC	10.8	90.0	45.0	432.0
Thinkpad 台式电脑	ThinkPad.com	标准样式	无线	3.2	17.0	8.50	
总计:				149.2	269.0	134.5	1089.6

ThinkPad.

上面所说的，就是进行表格设计时的三个步骤，当进行到这一步，基本上一张PPT表格就算优化完成了。

3.8　数据图表设计

如果需要呈现大量的数据，使用图表是最合适的一种方式。因为图表不仅能够呈现出数字本身，还能够反映出其背后所表达的视觉含义。

比如柱状图或条形图，可能会用来体现数据的对比：

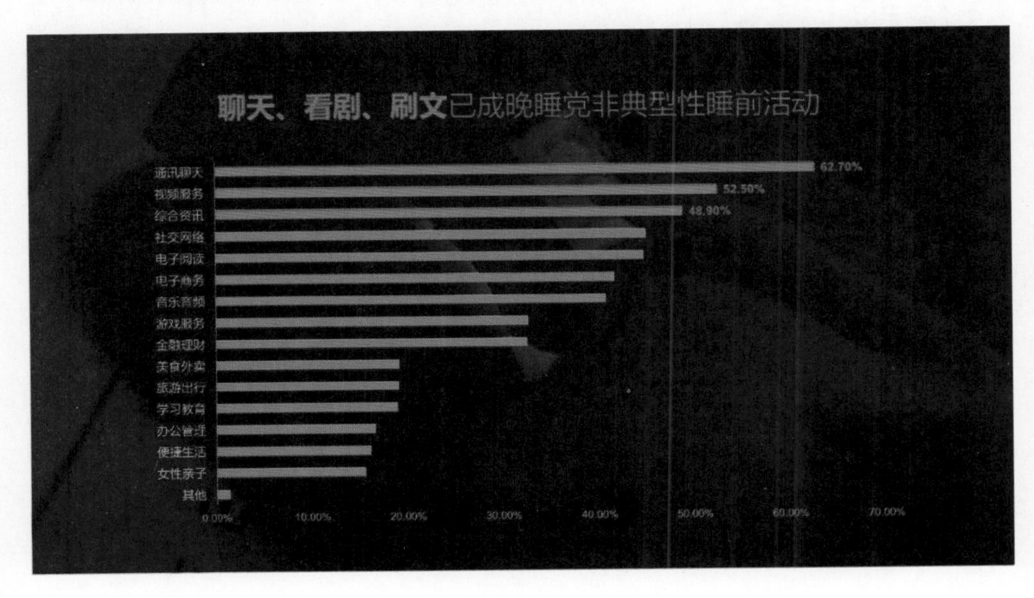

而面积图，可能会体现数据变化的趋势：

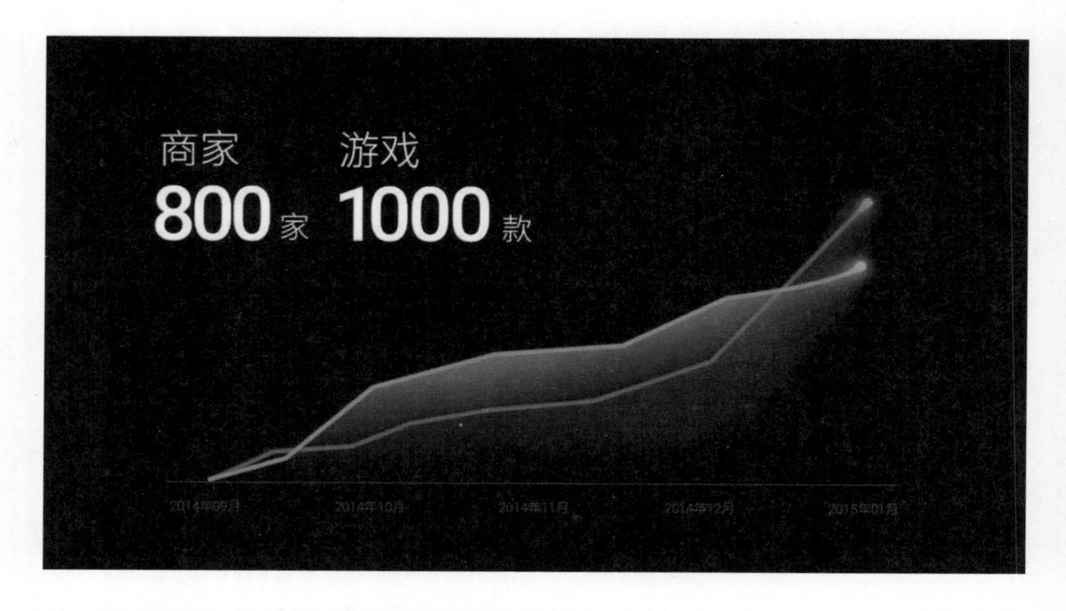

饼图呢，则会体现出数据的占比关系：

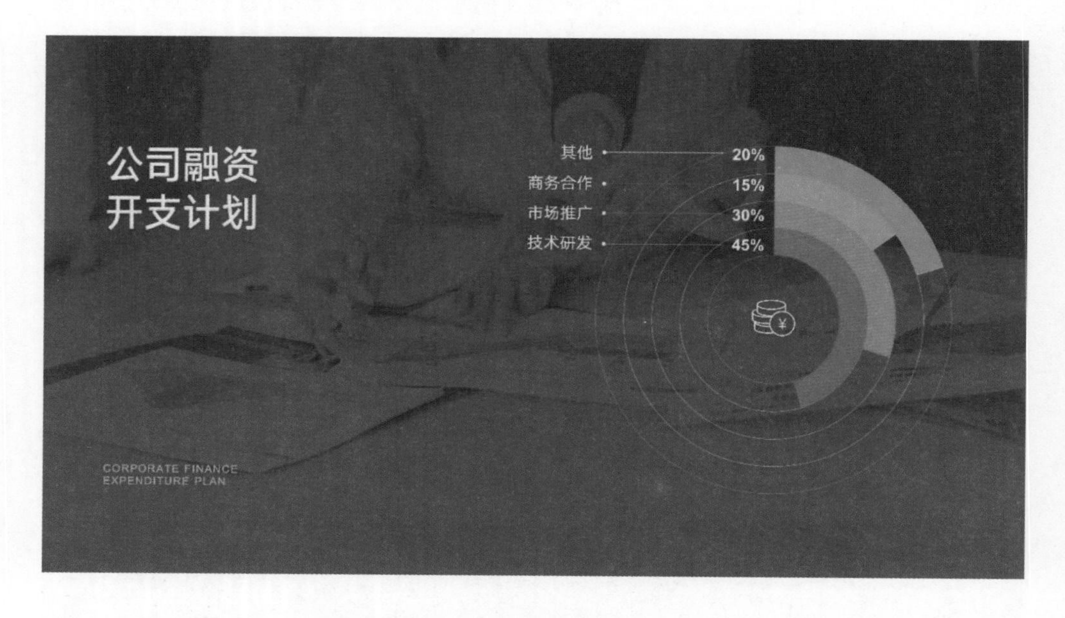

那么，该如何设计幻灯片中的数据图表呢？这里分为三个步骤，分别是：

选择合适的工具 ▶ 明确数据的重点 ▶ 匹配整体视觉风格

3.8.1　选择合适的工具

不同的图表类型所呈现出的视觉含义也会有所不同。如果选用不合适的图表，可能会令观众产生歧义。所以，如何选择合适的图表类型呢？我基于四个维度，对数据图表的适用性做了划分，大家可以进行参考：

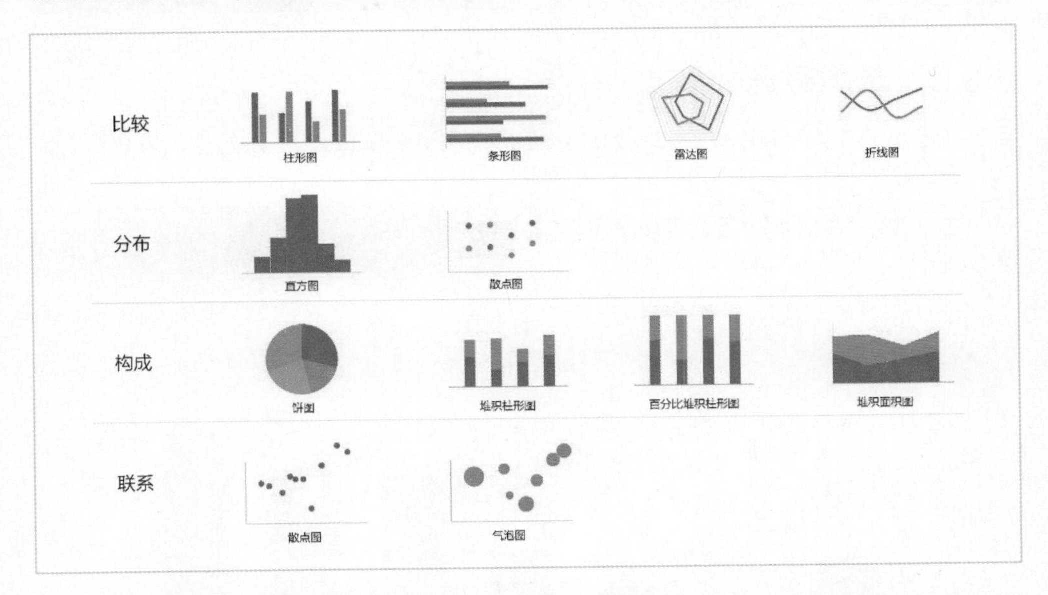

当然，这是最基础的图表选择方式，可以称之为单一型数据表达。但很多时候，在实际的PPT设计制作中，数据表达可能会更复杂一些，甚至需要互相组合的图表表达。

什么意思呢？比如在一个图表内，不仅要表现出每个月的销售状况，还要表现出某个特定月份的产品销售构成，这就属于偏复杂的图表呈现，那么这时候可能就需要以一种合适的方式，把多个图表组合起来，进行呈现。

举一个实例来看。比如像下面这个图表，就是典型的双图表结构，用两个图表才能够清晰地把数据之间的含义体现出来：

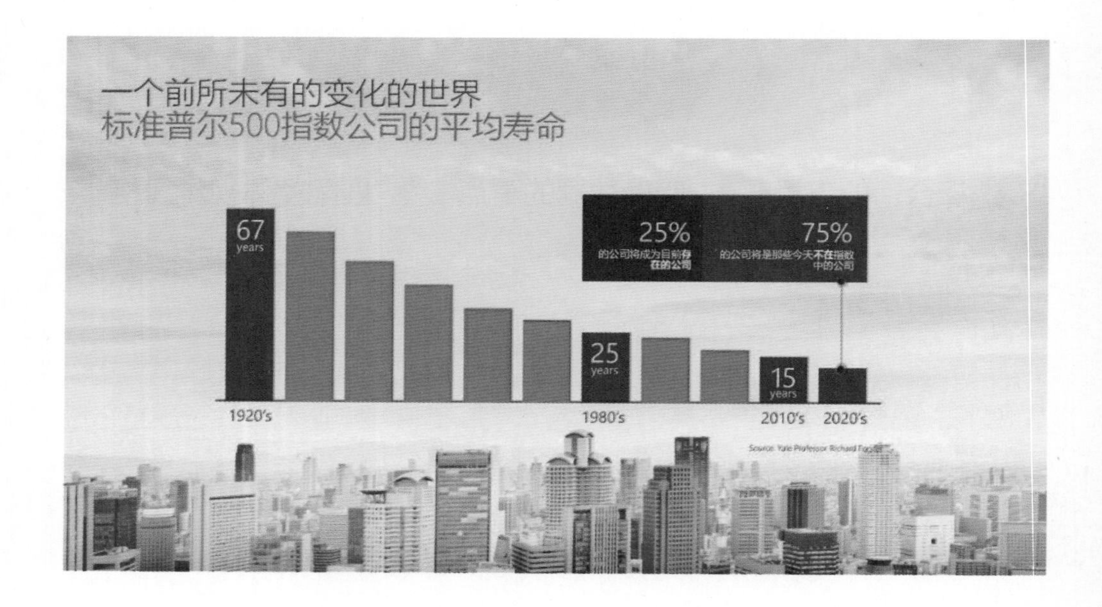

3.8.2 明确数据的重点

当选择了合适的图表之后，我们需要用直观的方式来告诉观众，这个图表想要表达的内涵到底是什么。

这一点经常被忽视，因为很多图表都是语意不明的图表，就像这样：

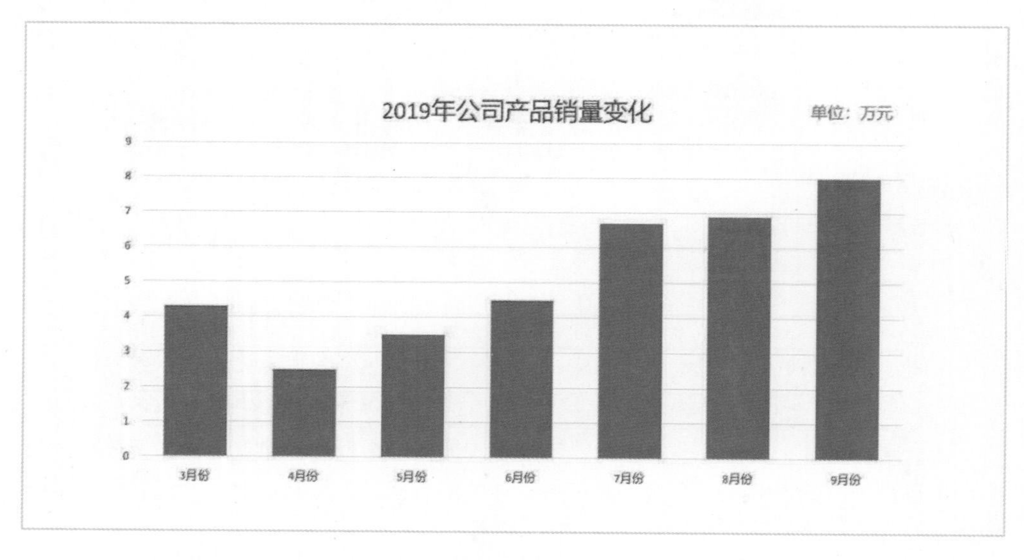

从图表本身来看，好像是在说2019年3月到9月的销量变化。但要告诉你的是，制作这张图表的人，其实是想要表达部门在4月引入了新的课程培训，效果斐然，从而帮助团队

获取了更高的销售业绩。

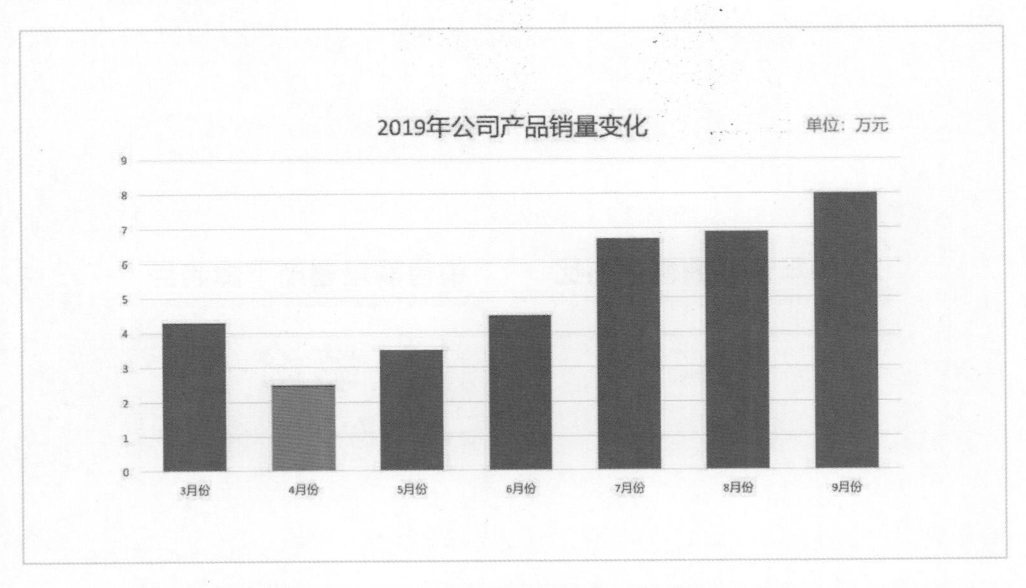

所以，明白了吗？同样的图表，如果不明确其所要表达的重点，还会引起视觉歧义。那么，该如何明确数据的重点呢？这里分为两个方面。

图表的标题

大多数图表的标题是什么样的呢？先来看一个例子。

它们的标题结构，大多是一段式的数据描述，比如像“2019年企业销售额占比”：

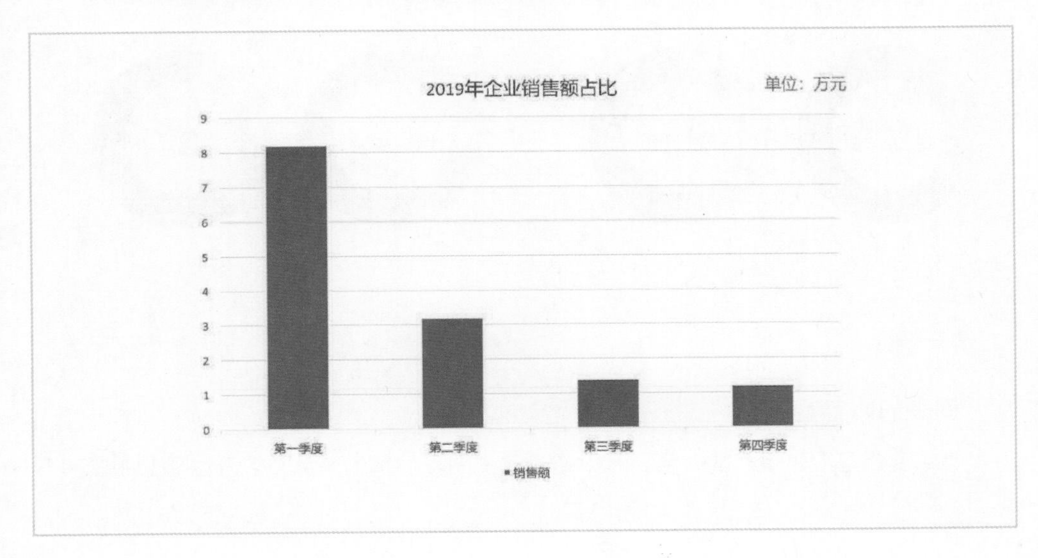

但其实你知道吗，关于数据图表的标题，它的作用就相当于论点。而如果想要通过标题来清晰地传达出图表的重点，它的结构应该包含两个部分，即**描述+结论**。

还是以上面的案例来说，可以这样说：

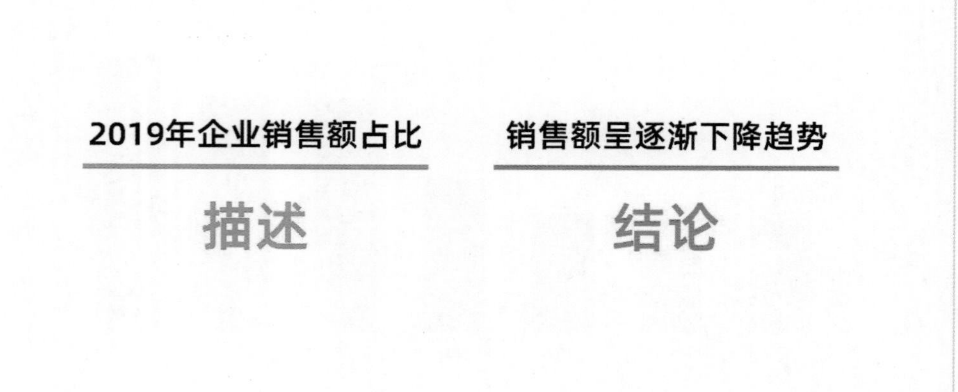

再比如，很多咨询公司的PPT，通常也会这样来写，因为会更加严谨、准确：

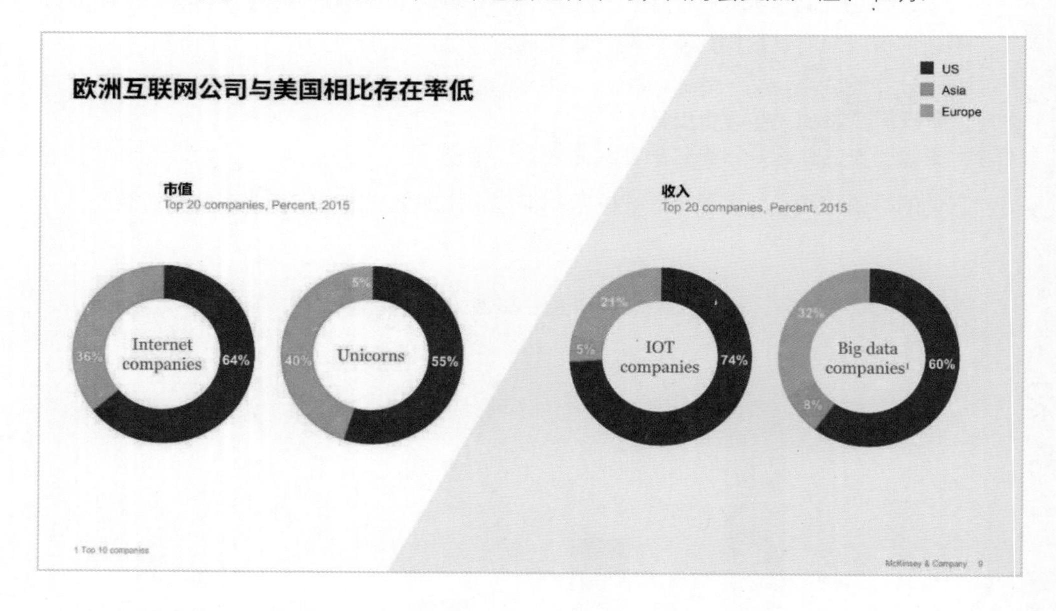

图表的内容

当想要凸显图表重点的时候，可以通过改变图表局部的颜色，以及以添加视觉引导的方式进行呈现。

举一个实际的例子。比如用不同色彩，单独突出某一项数据：

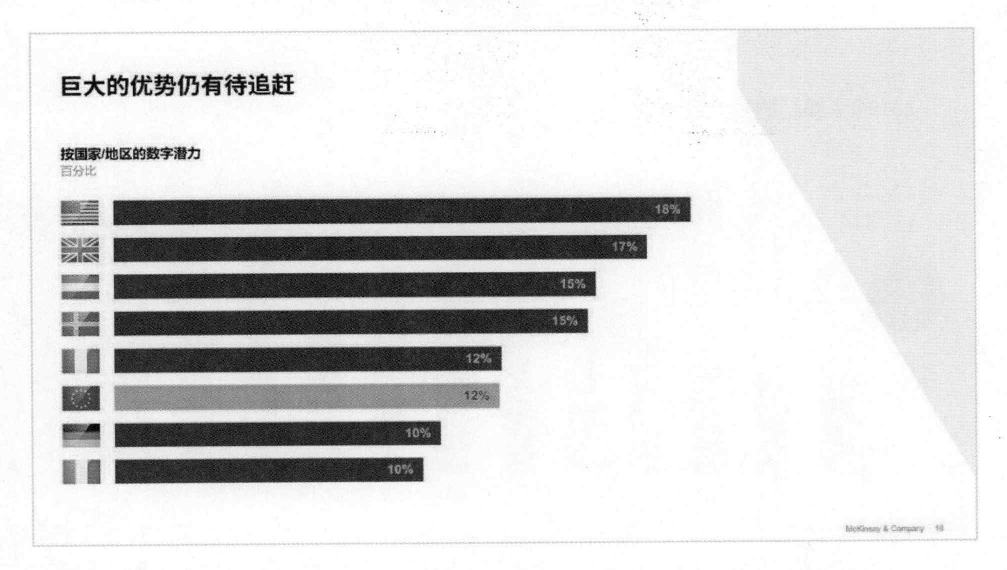

这是比较简单的一种方法，叫作改变局部颜色，通过颜色的对比来凸显重点。

还有一种方法叫作添加视觉引导，什么意思呢？

有些图表的重点，可能需要归纳总结才能体现出来，而图表本身并没有非常直接的体现，所以需要添加一些视觉引导。

先来举一个简单的例子。比如在制作年终总结PPT时，可能需要汇报部门工作业绩，那么，如果只是把每个月的销量数据呈现在一个图表上，会缺少冲击力：

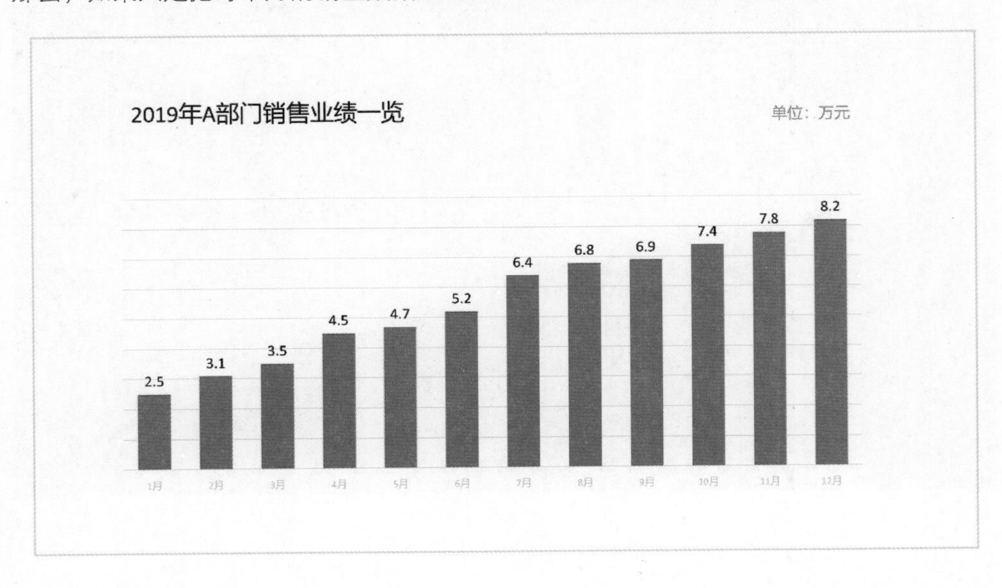

其实，可以通过计算来呈现整年的销售涨幅：

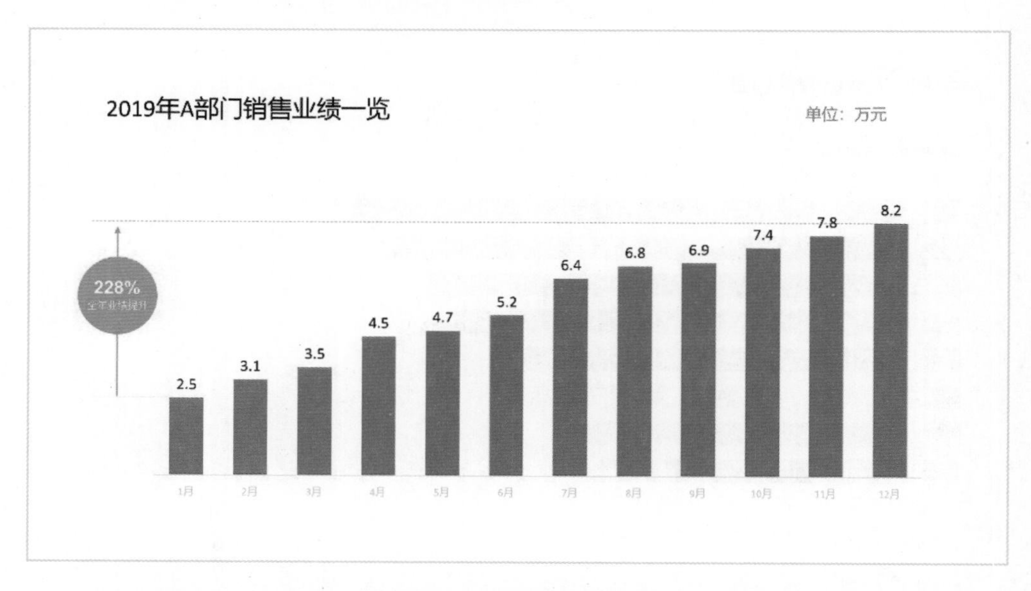

或者计算出每个季度的销售变化率，甚至与往年数据进行对比，总之，找到销售数据的亮点进行呈现。

接下来看几个实例，大家可以更进一步理解，什么叫作利用视觉引导来强调图表重点。

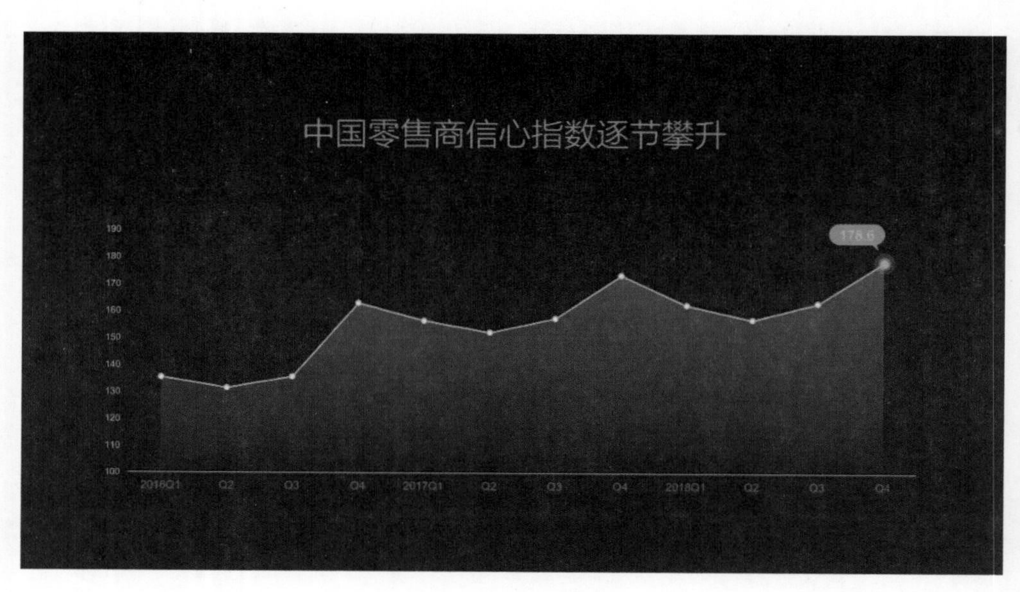

3.8.3　匹配整体视觉风格

考虑到大多数人没有提前设定视觉风格的习惯，所以，默认插入的图表是这个样子的，与整体的视觉格格不入。

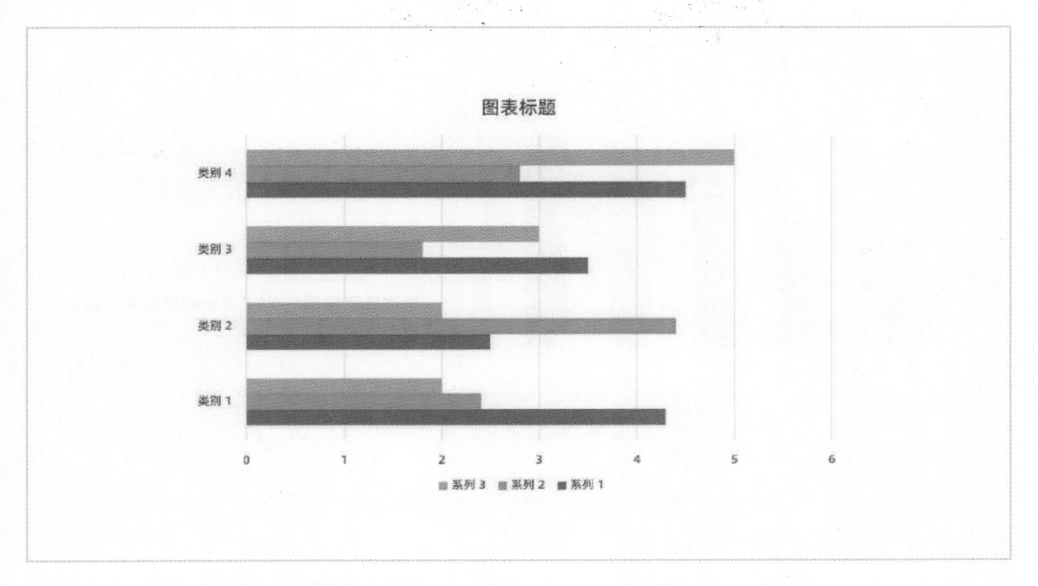

所以，需要遵循统一性的原则，为图表匹配幻灯片的视觉风格。这里主要体现在两点，图表颜色和图表效果，只要能与整体风格协调即可。下面通过一个实例来体验一下。比如PPT中整体的视觉风格是绿色的：

那么，为了能够保持风格一致，可以选择相同的图表的颜色：

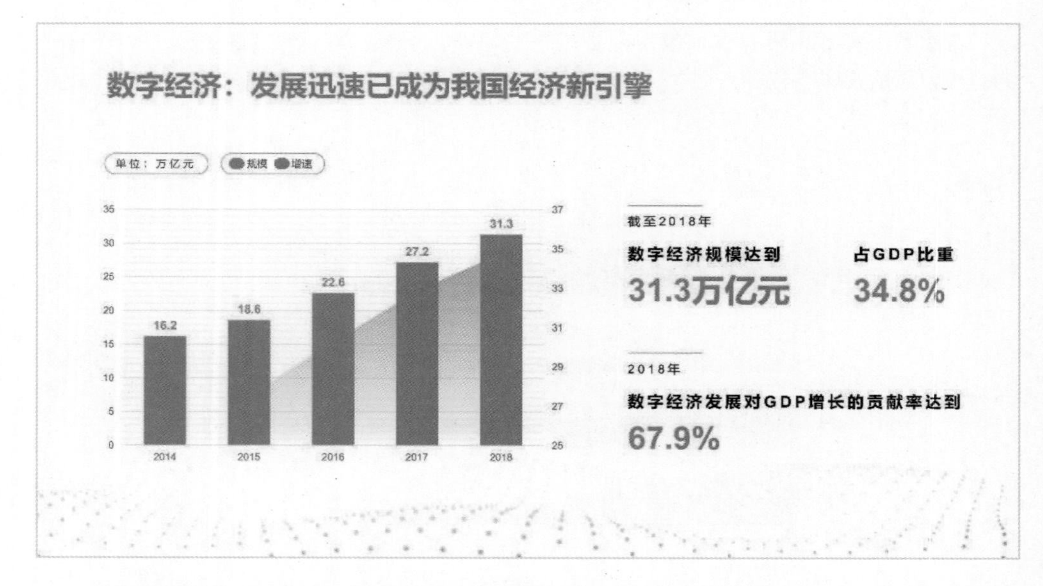

这就是PPT图表设计的完整流程，只需按照以上3个步骤进行制作，相信你也可以轻松地完成一些优秀的数据图表呈现。

Chapter

04

第4章

实战演练：典型页面的万能设计公式

4.1 封面页

工作中会遇到一些典型页面的设计，比如：封面、目录、尾页和时间轴等，但对于大多数人而言，主要的问题在于缺少灵感，很难做出有创意和美观的页面。所以，本章将对这些典型页面进行问题分析，并且进行重新设计，希望能够为各位提供更多的创意思路。

原始稿

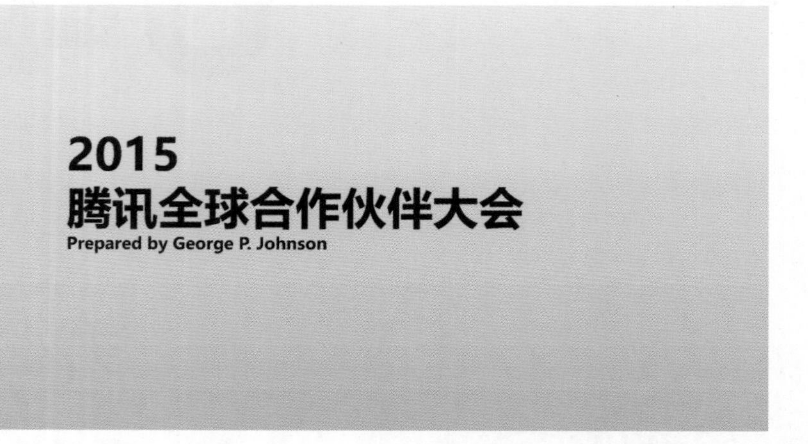

问题分析

页面采用了居左型对齐排版方式，比较适合商务的风格，但有一个细节问题在于，没有很好地遵循亲密性原则去处理文案之间的间距。另外，页面的设计风格有些单调，也是一个问题。

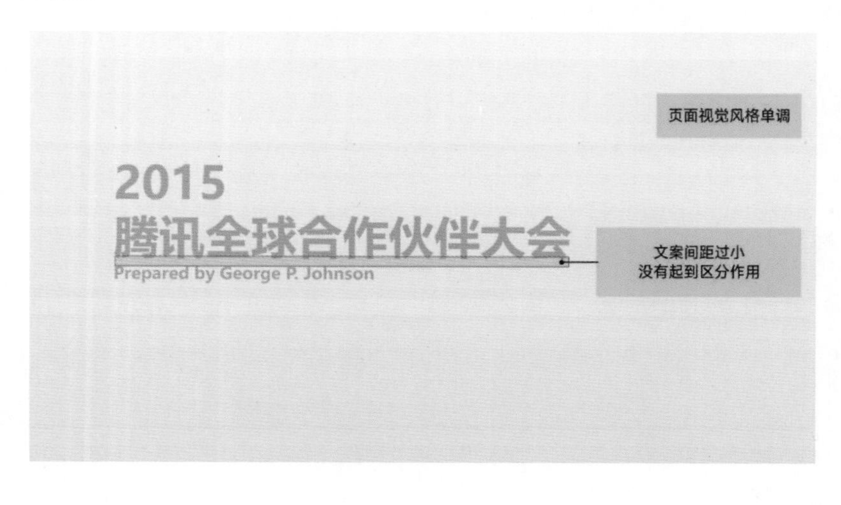

创意设计思路

从内容分析来看，“2015”和“腾讯全球合作伙伴大会”应该属于同一类信息，底部的英文信息属于另一类信息。在间距的设置上，应该保持“2015”和“腾讯全球合作伙伴大会”之间的间距，要远远小于“腾讯全球合作伙伴大会”和英文之间的距离。另外，当页面文字内容较少的时候，可以考虑使用深色背景，来让页面的视觉效果变得更加丰富。

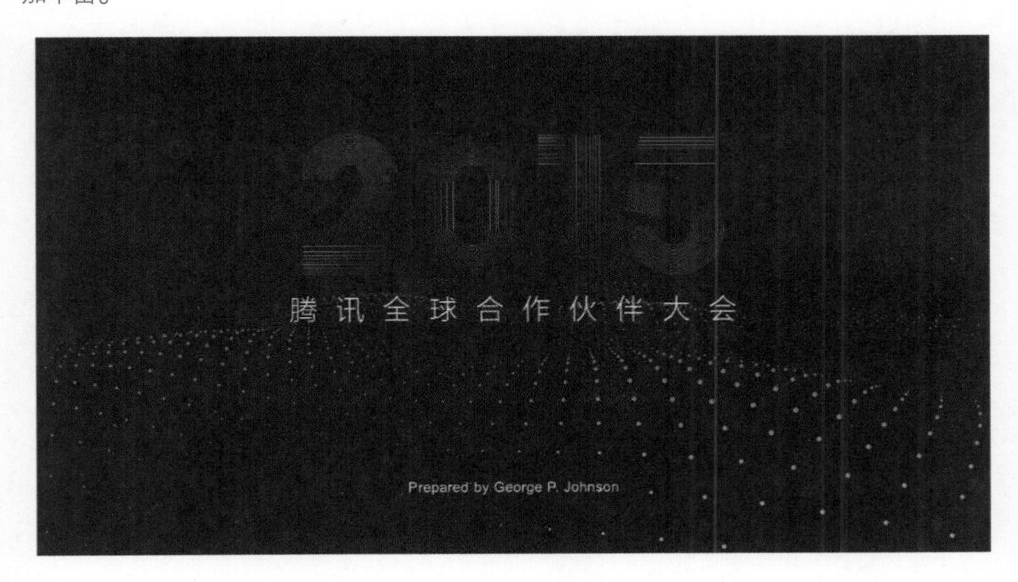

原始稿

问题分析

这一页的主要问题在于背景图片的色调过暗，导致滴滴企业版的视觉形象特征丢失。另外，页面上时间点的文案排列过于靠近页面边缘，在放映时，容易溢出屏幕。

创意设计思路

为了能够体现出滴滴企业版的视觉特征，可以在其官网寻找相关的配图，来更符合其企业特征。另外，文案的排版可以用居中对齐，以此来保证页面的视觉平衡感。

原始稿

问题分析

这一页的主要问题在于，页面的字体选择不能准确地体现出运动的感觉，因为每种字体都有不同的性格，所以要选择合适的字体。

另外，标题文案中出现了无用的内容，比如“——”，这个符号在Word文档中经常出现，在PPT设计中，其实没必要，可以考虑删除。

还有一点是，页面背景为红色，而使用黑色文字，因为与背景反差不够大，所以很难看得清楚，这会干扰文字内容的呈现效果。

创意设计思路

更换更有力量的字体，体现出运动感和力量感，以此更加符合文案的视觉含义。选择与背景反差较大的颜色，从而避免阅读障碍。

4.2 目录页

原始稿

问题分析

页面上有太多无意义的装饰元素，极大地分散了受众对内容的关注度。

另外，对于页面上出现的形状样式而言，不需要添加过多的装饰效果，保持视觉简洁优先。

创意设计思路

去除页面上无关的装饰元素，并且弱化图标的视觉表现力，从而更强烈地凸显文字内容，这样做的好处就在于，可以凸显文字内容的重点。

原始稿

问题分析

这是一张带有流程导向的目录页，它的问题在于，页面底部的形状中填充了太多的效果，从而导致页面色彩风格较为杂乱。

而且因为底部形状与文字颜色之间的反差较小，所以在一定程度上，底部的形状也干扰了文字内容的呈现效果，可能会导致阅读障碍。

创意设计思路

如果想要表现出目录项之间的流程感，可以借助线条之间的连接，或者是借用底部不同色彩的色块，进行间隔呈现。

原始稿

Contents

- 项目/整体策略
- 创意阐述
- 运营管理
- CP团队介绍

问题分析

这一页的主要问题在于，目录内容的间距过大，没有很好地遵循亲密性的排版原则。另外，页面也稍显单调，缺少视觉化效果呈现。

创意设计思路

在排版时，需要将有关联的内容放在一起，关联较小的内容，通过拉大距离进行区隔。所以，4项目录的间距要小于“项目/整体策略”与目录序号的间距。另外，如果做过项目提案大概会知道，这个目录是提案的流程，所以在排版设计时，可以体现出流程性。

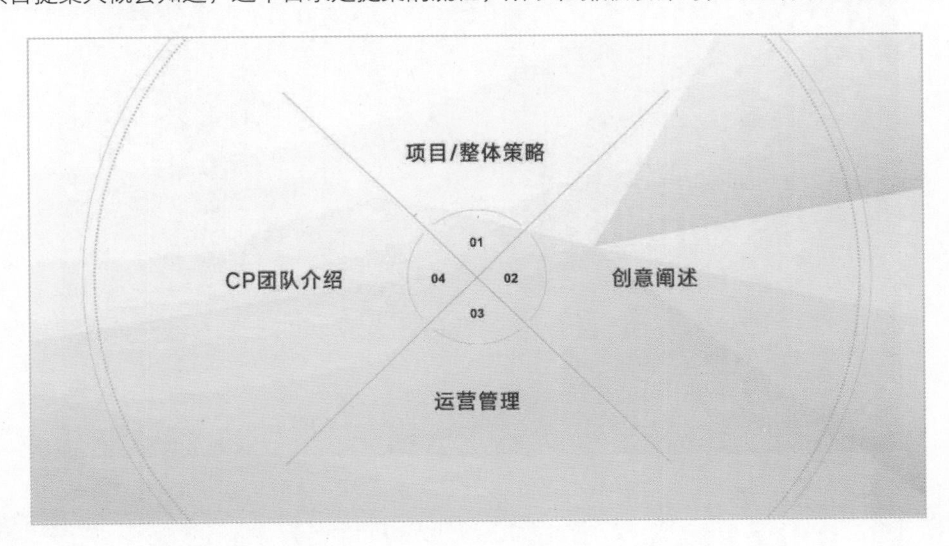

原始稿

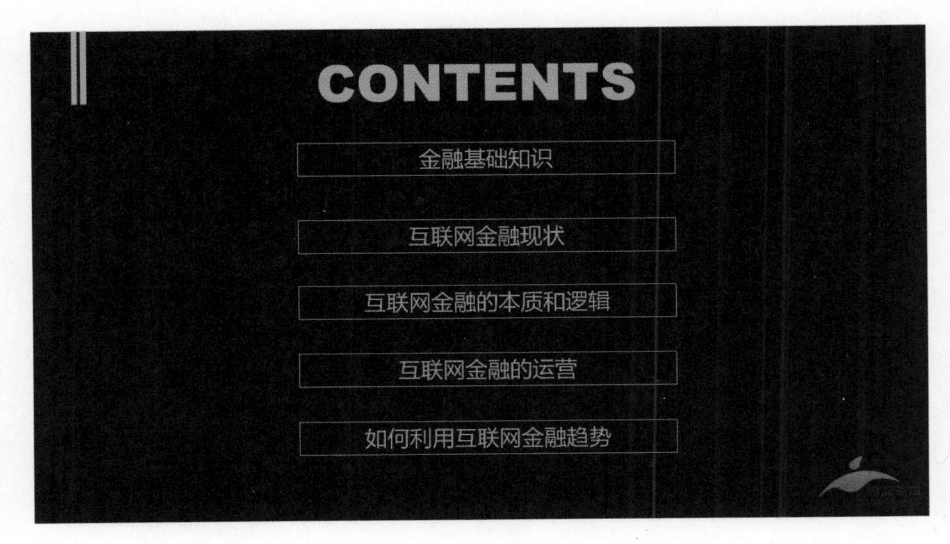

问题分析

这一页的问题非常明显，从页面上可以看到，5项目录之间的间距是不同的，所以它的问题就在于没有处理好排版之间的细节。

创意设计思路

在进行重新排版设计时，将内容进行等位纵向分布，保持内容的间距相同。另外，从内容上来看，这是一张谈到金融的幻灯片，所以，可以在色彩搭配上，考虑使用金黄色。

4.3　尾页

原始稿

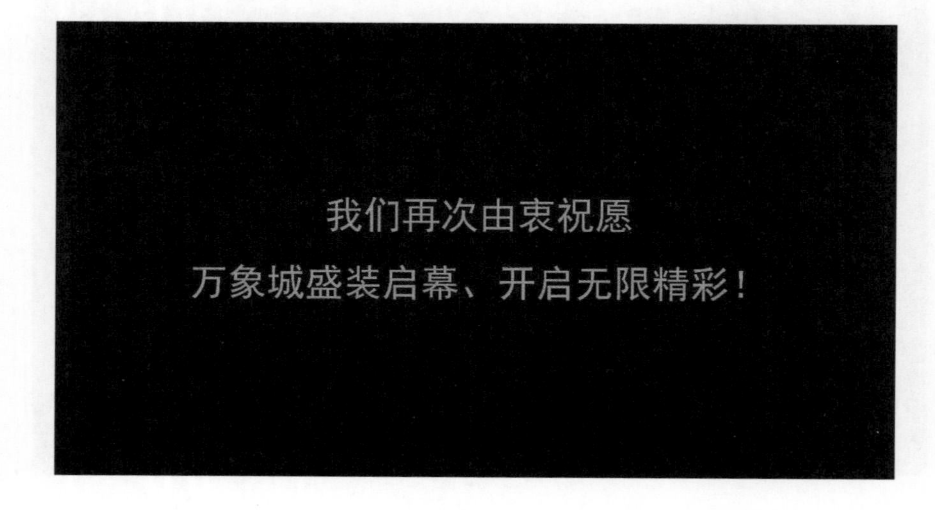

问题分析

这一页的呈现方式较为简单，这导致的一个问题在于，缺少视觉化场景，无法体现出“盛装启幕，无限精彩”的感觉。这也是PPT设计上经常出现的一个错误，页面没有任何修饰，很难表现出相对应的视觉效果。

创意设计思路

为了能够体现出文案传递的视觉效果，最有效的方法是添加相应的背景图，来烘托出文案想要呈现的视觉氛围，也就是金灿灿的感觉。

原始稿

问题分析

这是较为平淡的一张PPT尾页设计，通常我们习惯将企业名称放在“谢谢”的下面，所以，底部的信息排列有些颠倒。另外，页面内容的对比性不强烈，导致重点不够突出。

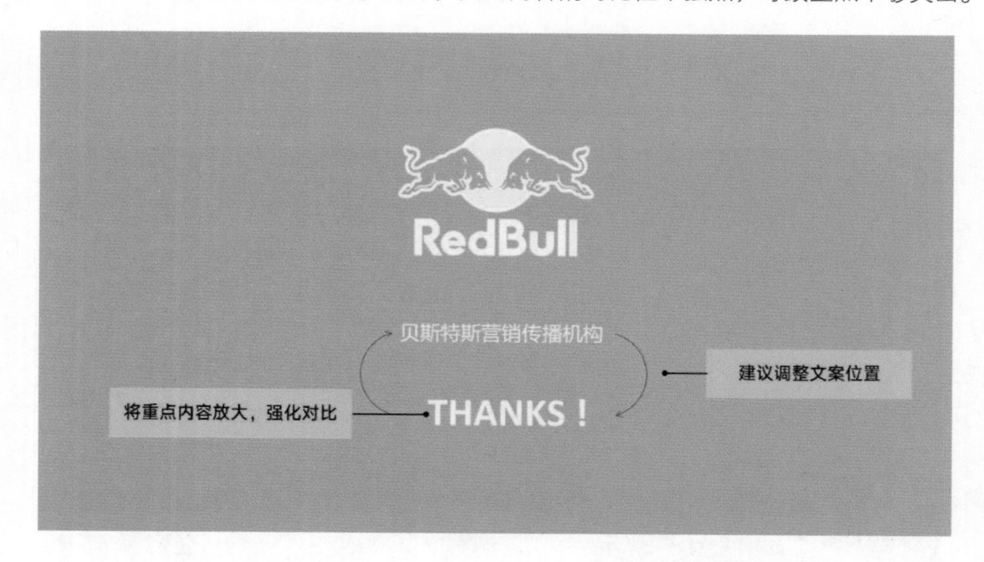

创意设计思路

很明显，这一页的表达重点是致谢，所以在内容呈现方面，可以把“THANKS！”放在较明显的位置，且将相应的文字字号放大，以达到突显的效果。

原始稿

主业以经营为主，副业以投资为主；
走产业强化资本，资本优化产业之路。

问题分析

这是一张以总结性内容为主的尾页设计，强化了整套幻灯片想要表达的核心要点。从内容中可以看到，这里分别强调了主业和副业的操作方式，一个以“经营”为主，一个以“投资”为主。但在这页PPT的设计方面，没有很好地将两个不同的方面体现出来，这是其中一个问题。

另外，整张幻灯片的呈现方式较为单调，缺少一定的美感。

未能体现出经营和投资
两个方面

主业以经营为主，副业以投资为主；
走产业强化资本，资本优化产业之路。

页面呈现形式过于单调

创意设计思路

在文案的处理方面，可以用两种不同的色彩，体现两个不同的方面，以此将文案想要表达的视觉含义体现出来。

为了避免页面视觉单调，可以借用一张背景图片来丰富页面呈现效果，如果背景图片能够贴合文案的含义，那就再好不过了。

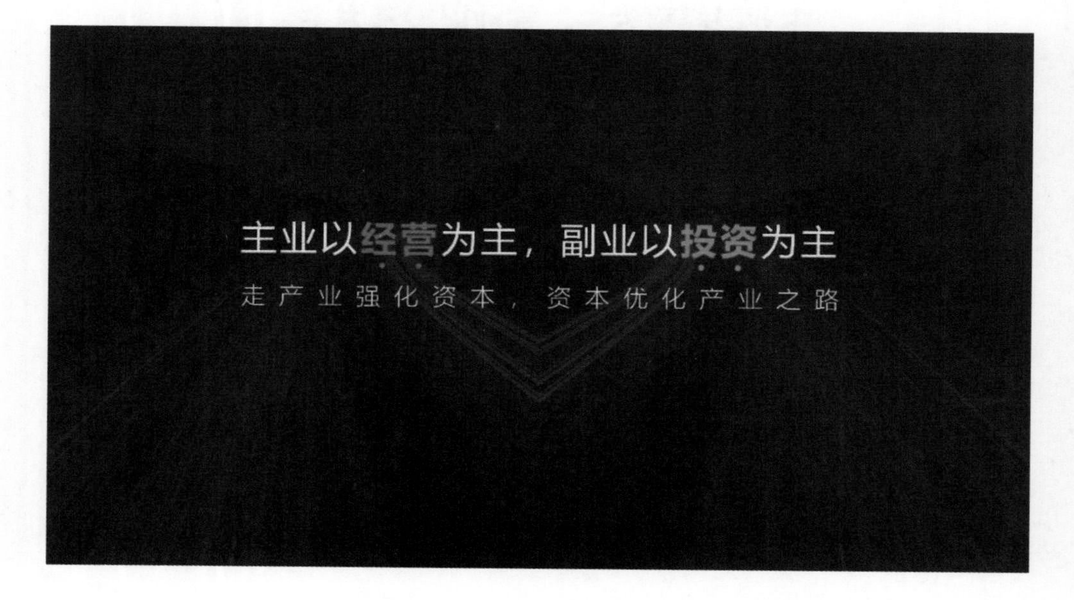

4.4 人物介绍

原始稿

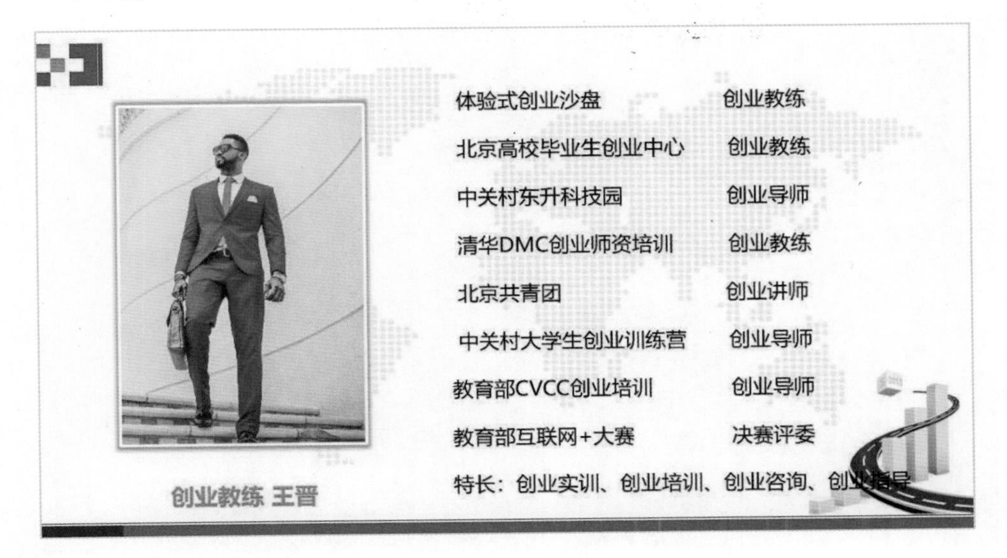

问题分析

这是一张单人的PPT介绍页面，从内容分析来看，这一页主要讲述了他的履历以及特长，但是不得不说，页面内容的呈现方式缺少结构性，一股脑地将全部内容堆放在一起，缺少条理性。

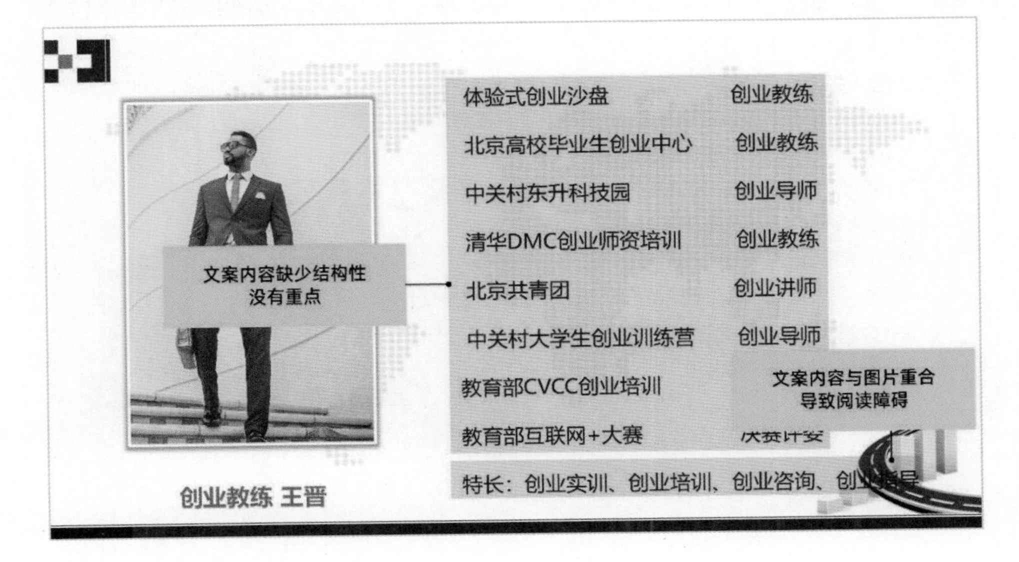

创意设计思路

为了能够让页面更具结构性，可以将“履历”和“特长”部分的内容进行分块展示，以此让页面更具条理性。

原始稿

宋立人先生：
深圳XXXXX投资基金管理有限公司总经理，从事金融行业十余年，知名地产基金管理人，涉足地产、拍卖等多个金融领域，成功操作过多个大型并购及收购案例，精通地产基金整套流程，尤其擅长深圳本土地产项目的运作，善于把控并购过程中的关键环节，并创造性地提出切实可行的方法，具有极高的价值发现和风险分析能力，主导和参与过的地产并购基金规模将近百亿元。

问题分析

这一页的主要问题在于内容缺少结构性，设计者只是简单地将一堆文字摆放在页面上而已。所以，在观看这页PPT时会看不到重点，也看不到内在的关系。

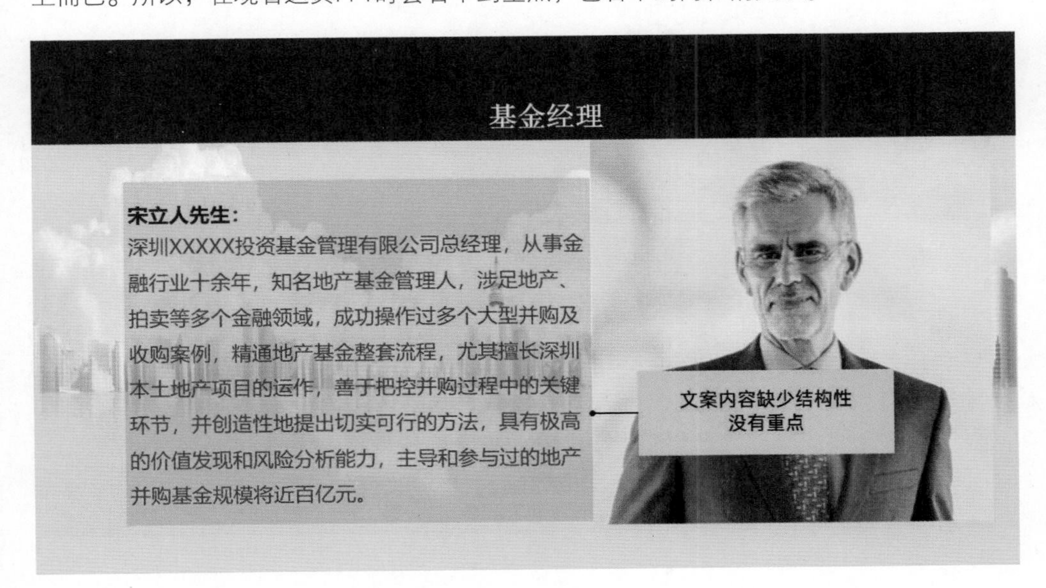

创意设计思路

在对这一页PPT进行优化时，侧重点也是结构的梳理，可以基于内容相关性的原则，把有关联的内容放在一起，并且与其他含义的内容进行区分，以此让页面结构更清晰。

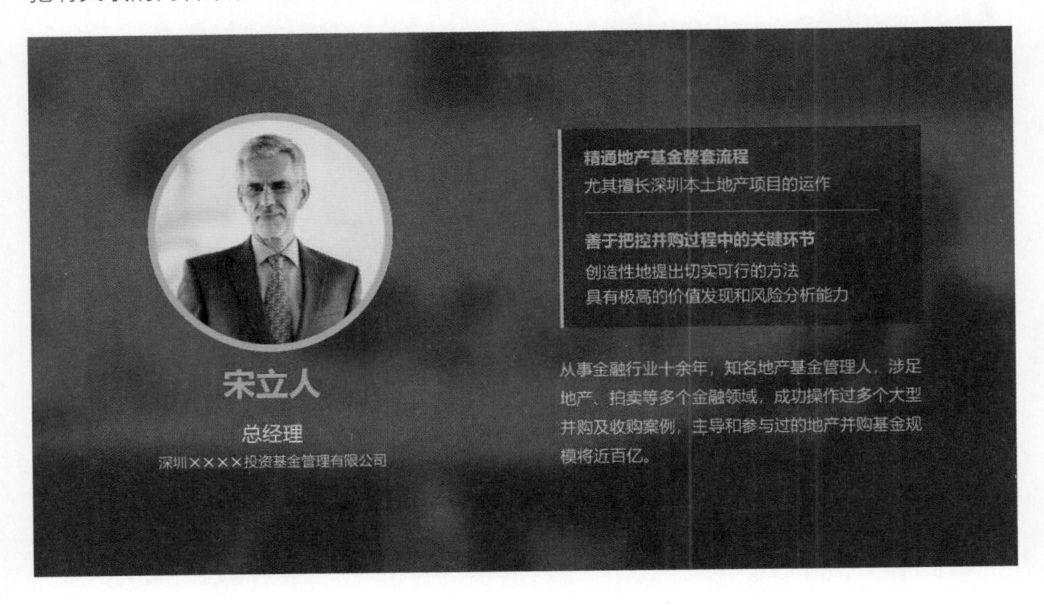

原始稿

问题分析

这是一张多人物的PPT介绍页，在内容的排版方面，采用的是比较常规的横向排列方式，缺少新意。

创意设计思路

为了能够以一种更具创意的方式，进行人物照片的排列，可以将矩形更换为六边形，采用蜂窝式排列的形式进行展示。另外，在人物照片与文字内容的中间，添加一层半透明形状，以此来保证文字内容的可识别性。

原始稿

问题分析

这是一张用于团队成员展示的PPT，一般出现在商业路演或者企业介绍等正式商务场合，但是在页面的设计上，设计风格不够正式，有种偏照片墙的感觉。另外，从亲密性的角度来考虑，人物介绍信息与人物图片之间的关联性不够强，很难建立之间的对应关系。

创意设计思路

纠正幻灯片的设计风格，从色彩、背景及版式等方面，体现出设计上的商务感，可以考虑比较规整的内容排列形式。

将图片与相应的介绍文字之间的距离缩小，建立图片与文字之间的关联性。

原始稿

主要团队

梁旭东，1967年生，男，厦门大学半导体发光与器件专业本科毕业，北京大学硕士研究生学历，美国Fordham University MBA，中国社科院金融学博士在读。2001年至2002年道勤控股集团副总裁；2002年至2003年任四川东泰产业（控股）股份有限公司总经理；2004年至2005年任香港上市公司宝福集团总裁；2008年至2010年任路明科技集团执行总裁；2010年至2014年任圆融有限公司董事长；2015年起任圆融股份董事长。

康建，1963年生，男，毕业于桂林电子工业学院无线电专业，本科学历。1984年至1999年任电子工业部第七四六厂销售处长；1999年至2009年任上海大晨光电科技有限公司总经理；2009年至2011年任大连路美芯片科技有限公司总经理；2011年至2014年任圆融有限公司董事、总经理。2015年起任圆融股份董事、总经理。

问题分析

这是一张有大段文字出现的人物介绍幻灯片，不知道你是什么样的感觉，反正就我而言，第一眼看到这么多的文字内容，就丧失了认真阅读的兴趣。之所以会有不想读下去的欲望，本质问题在于信息的结构性不强，只是把一团文字堆积在一起。

主要团队

梁旭东，1967年生，男，厦门大学半导体发光与器件专业本科毕业，北京大学硕士研究生学历，美国Fordham University MBA，中国社科院金融学博士在读。2001年至2002年道勤控股集团副总裁；2002年至2003年任四川东泰产业（控股）股份有限公司总经理；2004年至2005年任香港上市公司宝福集团总裁；2008年至2010年任路明科技集团执行总裁；2010年至2014年任圆融有限公司董事长；2015年起任圆融股份董事长。

康建，1963年生，男，毕业于桂林电子工业学院无线电专业，本科学历。1984年至1999年任电子工业部第七四六厂销售处长；1999年至2009年任上海大晨光电科技有限公司总经理；2009年至2011年任大连路美芯片科技有限公司总经理；2011年至2014年任圆融有限公司董事、总经理。2015年起任圆融股份董事、总经理。

文案内容缺少结构性
没有体现出相应的时间段

创意设计思路

在设计时，为了能够更加清晰地呈现出大段文字之间的结构关系，可以对内容进行一次彻底的梳理。从内容中可以看到，每一段文字主要包含三个方面，人物的出生时间、人物的学历及人物在各年间的职业经历。所以，可以把这三部分内容的结构划分出来，分块进行呈现。

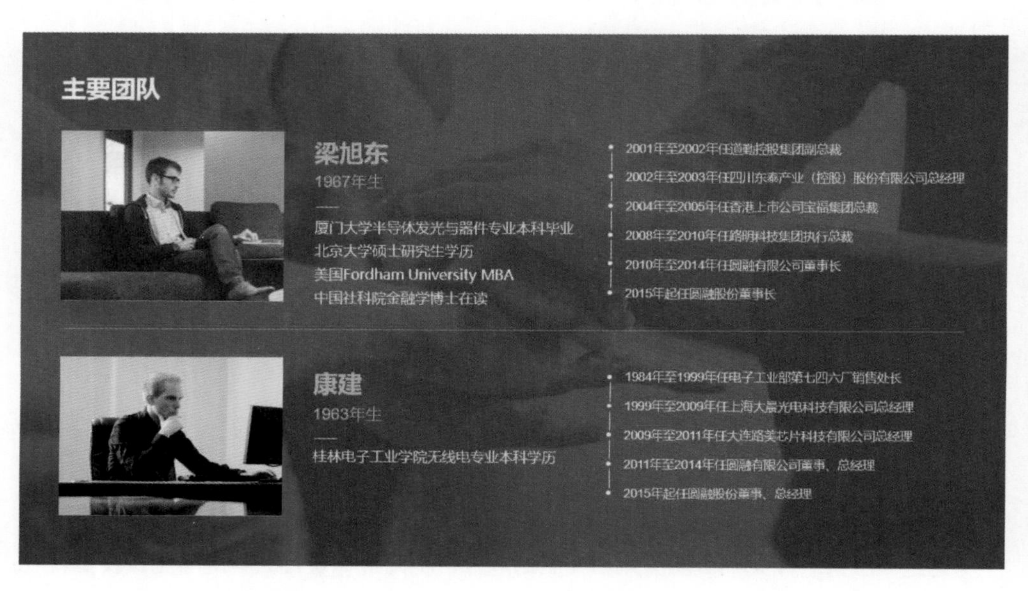

4.5　组织架构

原始稿

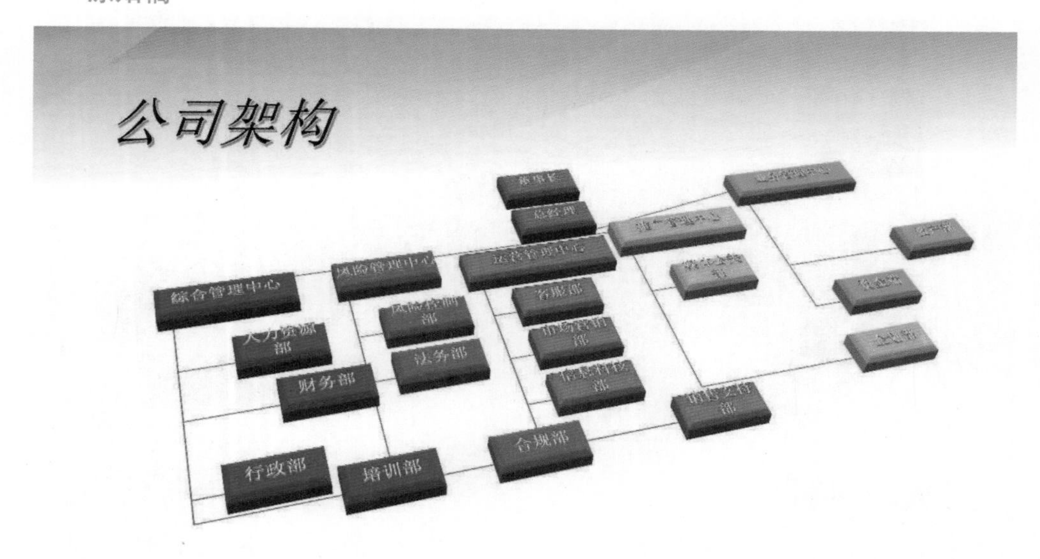

问题分析

从这一页PPT来看，很明显，它是一张设计过度的幻灯片，使用了大量的立体效果。而且对架构图进行了倾斜设计，这导致了页面右侧的信息几乎看不清楚。

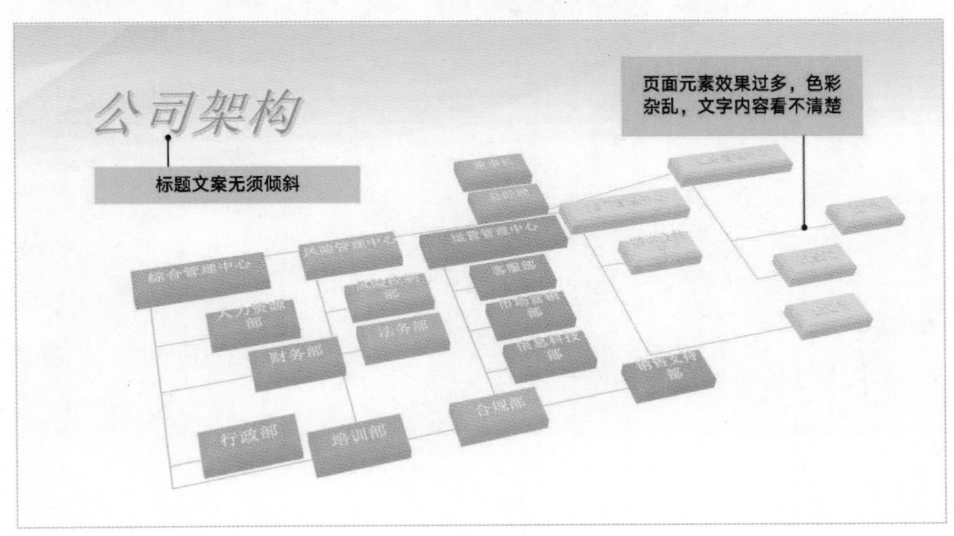

创意设计思路

从内容来看，其实这一页幻灯片的信息量还是挺大的，所以在设计的时候，尽量去除多余的修饰效果。另外，因为公司的架构图包含多个部门，为了避免使用过多的颜色，将颜色进行统一。关于设计的形式，在这里只是提出了一种创意的展现方法，仅供参考。

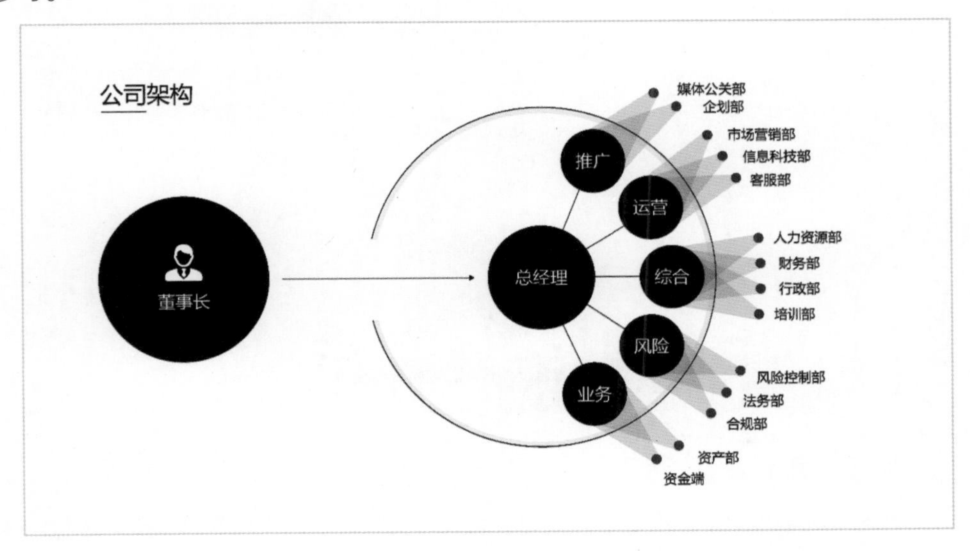

原始稿

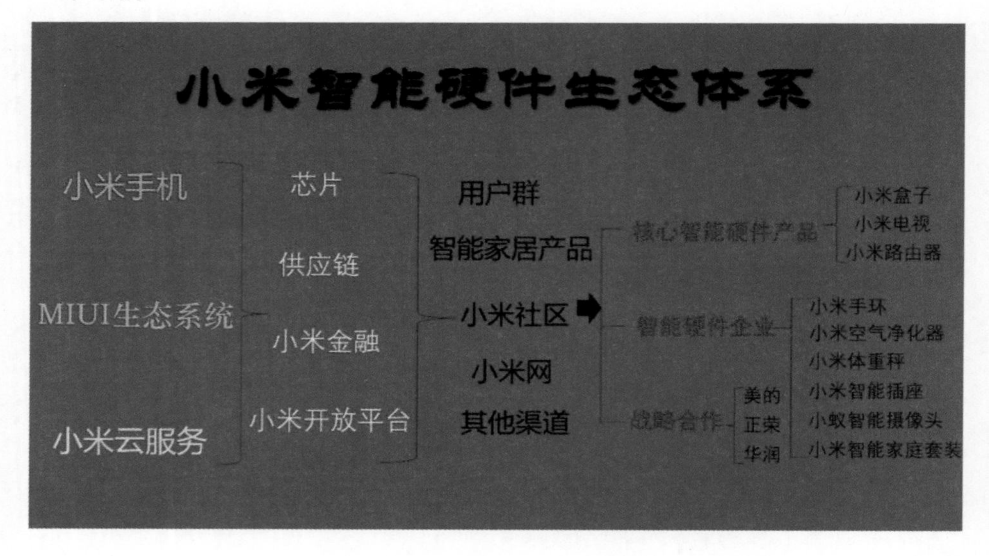

问题分析

这是一张企业的生态体系架构图，它的问题在于页面风格过于杂乱，体现在字体和色彩的搭配上。另外，因为页面的背景为蓝色，与部分文字之间的颜色反差较小，所以，在阅读时会存在一些问题。

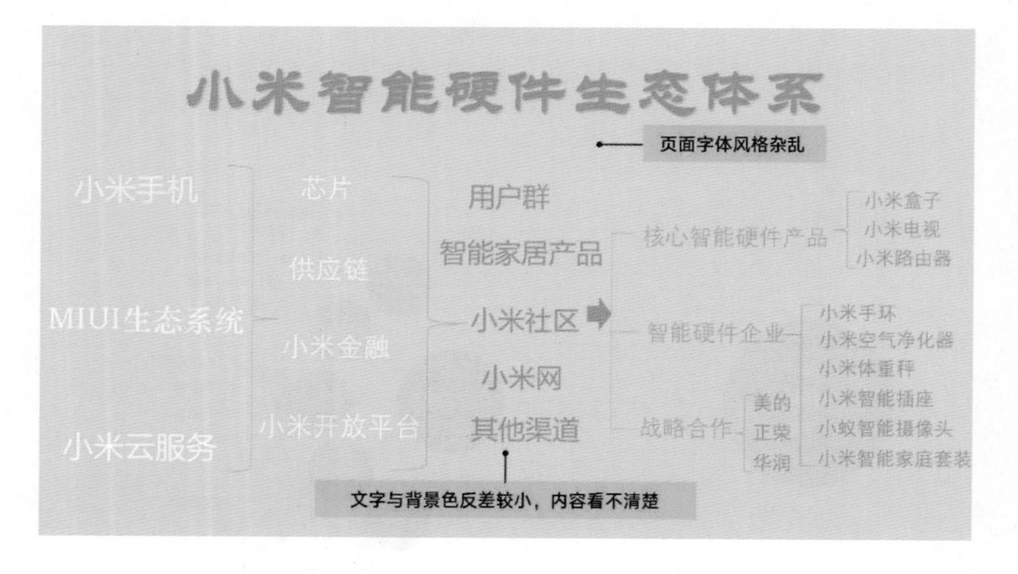

创意设计思路

因为这是一个企业的生态体系，逻辑关系较为复杂，所以优化的重点是，选用一种更加简单清晰的结构，将其呈现出来。

另外，因为这是小米的生态体系，所以，在色彩的选择上，使用了橙色为主色调。

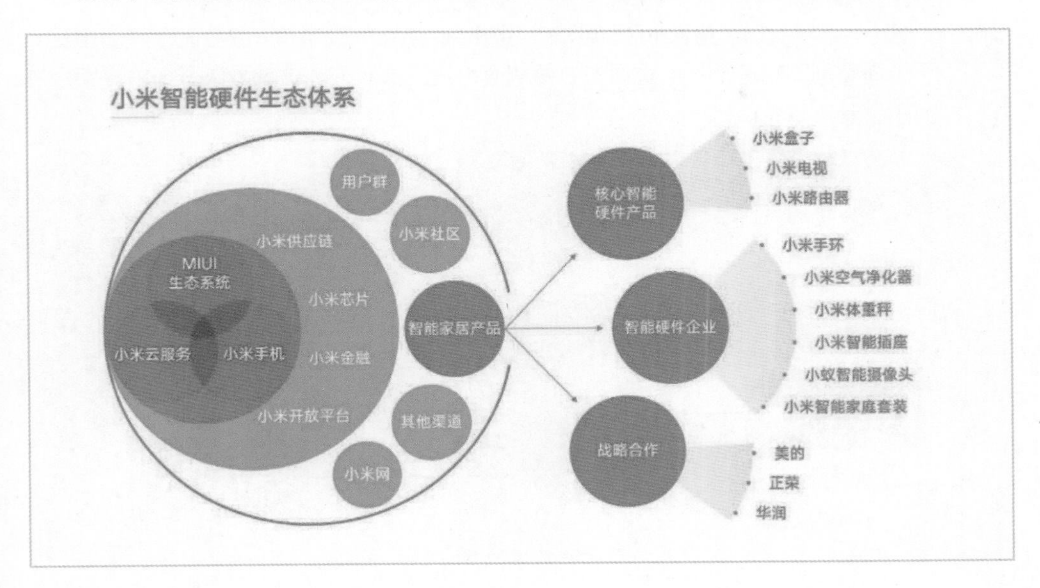

4.6 数字呈现

原始稿

名称	人数	薪资
技术总监CTO	1	15000元/月
产品经理	1	10000元/月
营销总监	1	10000元/月
UI设计师	1	9000元/月
开发工程师	1	6000元/月

问题分析

这是一张用作工资预算的PPT表格页面，它的问题在于两个方面：

- 重点内容不突出。整张PPT页面没有视觉焦点，我们不知道第一眼应该看哪些内容。
- 版面空间利用率不足。页面左右两侧有大量空白区域，这就导致页面内容字号过小，看不清楚。

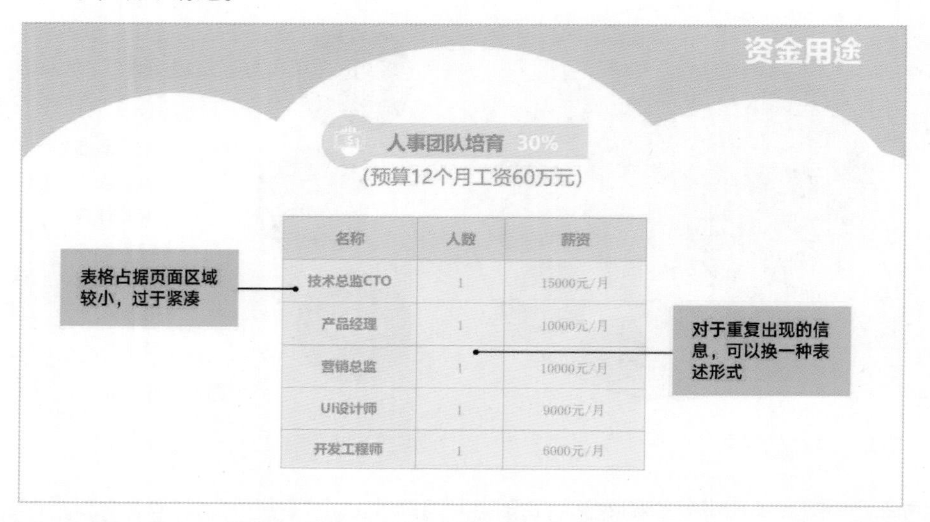

创意设计思路

从内容分析来看，这一页的主要内容是围绕人事团队培育展开的，所以，可以将其作为第一层级的内容进行放大呈现。另外，因为表格内容的信息量较少，所以，可以考虑更换一种展现形式，把“名称”和对应“薪资”联系在一起，以单独的数字进行呈现。

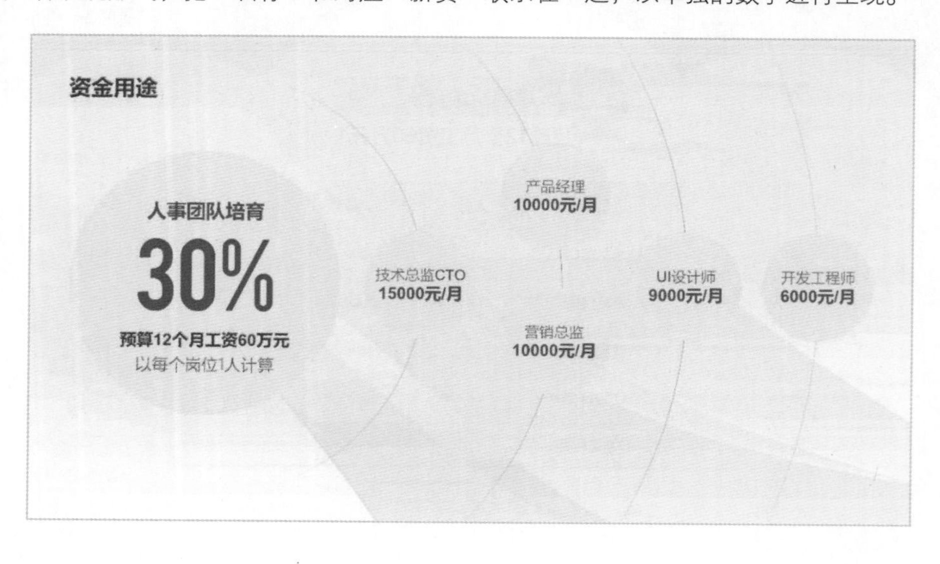

原始稿

市场需求- 综合分析

5 市场提供较好的机会
1 市场机会较小

项目	2005年市场规模（亿元）	市场增长率* 2000—2005	市场平均利润率	综合评估
轿车	1258	12%	高	5
重卡	500	22%	高	5
中卡	138	-1%	低	2
轻卡	362	7%	低	3
大客	90	7%	中	2
中客	235	12%	中	4
轻客	380	8%	低	3
微车	340	6%	低	2

*销量增长

A.T. Kearney 70/Danielle May23/jl 4

问题分析

这是一张市场需求分析的表格，比较规整，不过，因为表格的信息量较大，且包含很多数据指标，所以，在理解表格内容的时候，较为枯燥，很难直观地看到相应数字之间的变化和对比关系。

表格信息过于枯燥，不够直观

市场需求- 综合分析

项目	2005年市场规模（亿元）	市场增长率* 2000—2005	市场平均利润率	综合评估
轿车	1258	12%	高	5
重卡	500	22%	高	5
中卡	138	-1%	低	2
轻卡	362	7%	低	3
大客	90	7%	中	2
中客	235	12%	中	4
轻客	380	8%	低	3
微车	340	6%	低	

*销量增长

内容过于靠近底部边缘

A.T. Kearney 70/Danielle_May23/jl 5

创意设计思路

对于有数字指标的表格，为了能够让它呈现出可视化的效果，更加清晰地展现出数字之间的关系，可以考虑进行可视化呈现。

比如市场规模和市场增长率，可以借用条形图的形式进行呈现。

而对于利润率和综合评估的指标，可以借用相应的图标进行展示。

原始稿

综合考虑，日产在备选合作伙伴中最具吸引力

注释：(5－最有利的，1－最不利的）

具有全系列标准轿车市场能力的合资伙伴比较

合作伙伴备选方案	轿车产品线完整性	合作范围	长期战略	资金实力	公司文化	综合	说明
日产	3	4	4	2	3	4	▪日产有与风神合作的基础 ▪风神的引进产品受到用户的青睐 ▪有潜力将产品扩展到雷诺的生产线 ▪雷诺/日产是世界六大汽车制造商之一，资金充裕 ▪有利于东风将轿车的合作伙伴控制在二个 ▪控制投资规模，充分利用风神和股份的现有资源
本田	3	2	3	3	4	2	▪本田产品相对日产略有优势 ▪本田与广州的合资企业将是东风和本田全面合作的主要障碍
福特	4	2	3	4	4	3	▪有很全的轿车系列产品 ▪资金实力雄厚 ▪但已有与长安的轿车合资企业

来源：科尔尼分析

A.T. Kearney 70/Danielle May23/jl 3

问题分析

与上一张表格案例相似，这一表格展示了某一品牌不同方面的能力，使用表格的形式，很难直观地将内在联系呈现出来。

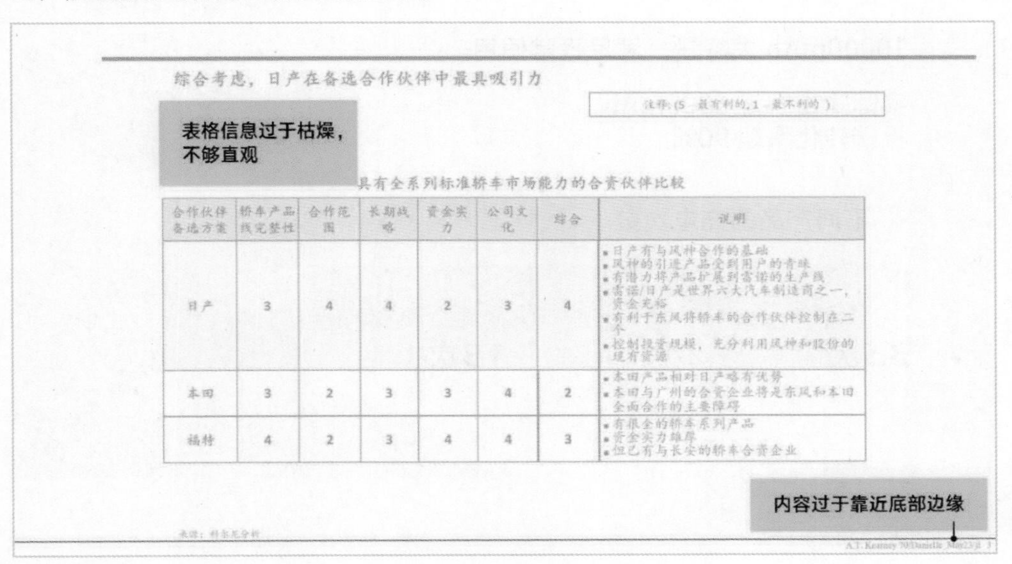

综合考虑，日产在备选合作伙伴中最具吸引力

注释：(5—最有利的，1—最不利的)

具有全系列标准轿车市场能力的合资伙伴比较

合作伙伴备选方案	轿车产品线完整性	合作范围	长期战略	资金实力	公司文化	综合	说明
日产	3	4	4	2	3	4	▪日产有与风神合作的基础 ▪风神的引进产品受到用户的青睐 ▪有潜力将产品扩展到雷诺的生产线 ▪雷诺/日产是世界六大汽车制造商之一，资金充裕 ▪有利于东风将轿车的合作伙伴控制在二个 ▪控制投资规模，充分利用风神和股份的现有资源
本田	3	2	3	3	4	2	▪本田产品相对日产略有优势 ▪本田与广州的合资企业将是东风和本田全面合作的主要障碍
福特	4	2	3	4	4	3	▪有很全的轿车系列产品 ▪资金实力雄厚 ▪但已有与长安的轿车合资企业

来源：科尔尼分析

创意设计思路

当需要展现某一事物不同方面的数字指标时，可以考虑借用雷达图，在PowerPoint软件中，填入数据即可一键生成雷达图。另外，原稿中着重体现的是“日产”这一品牌，所以在借用雷达图呈现时，可以利用色彩进行着重体现。

原始稿

10000mAh 大容量，满足日常使用

实际输出容量 6500mAh
板端转化率超 90%

- 不同产品的充电次数

iPhone 7	小米 6	iPad Mini 4
3.5次	2次	1.3次

问题分析

这是一页展示充电宝容量的数据呈现，它的不足在于，没有将重点数据凸显出来，且没有为内容划分出清晰的层级结构。

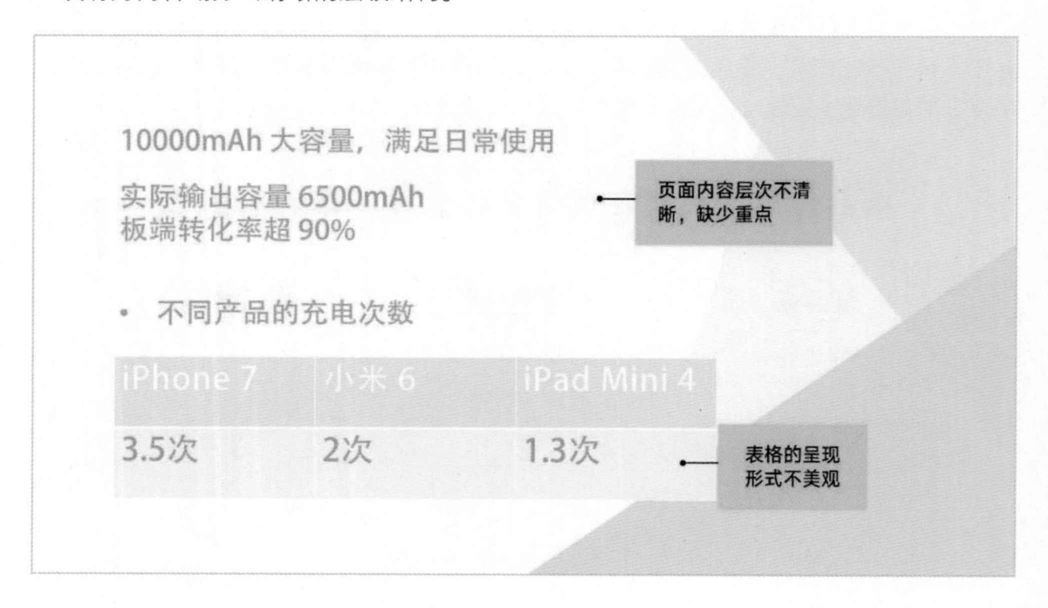

创意设计思路

因为这是一款充电宝产品的数据展示页面，为了能够更直观地展示产品，可以考虑把产品图片放在页面上。

划分页面内容的层级关系，梳理出重点与非重点内容，将重点的数据内容进行凸显，从而让页面的重点更加清晰。

原始稿

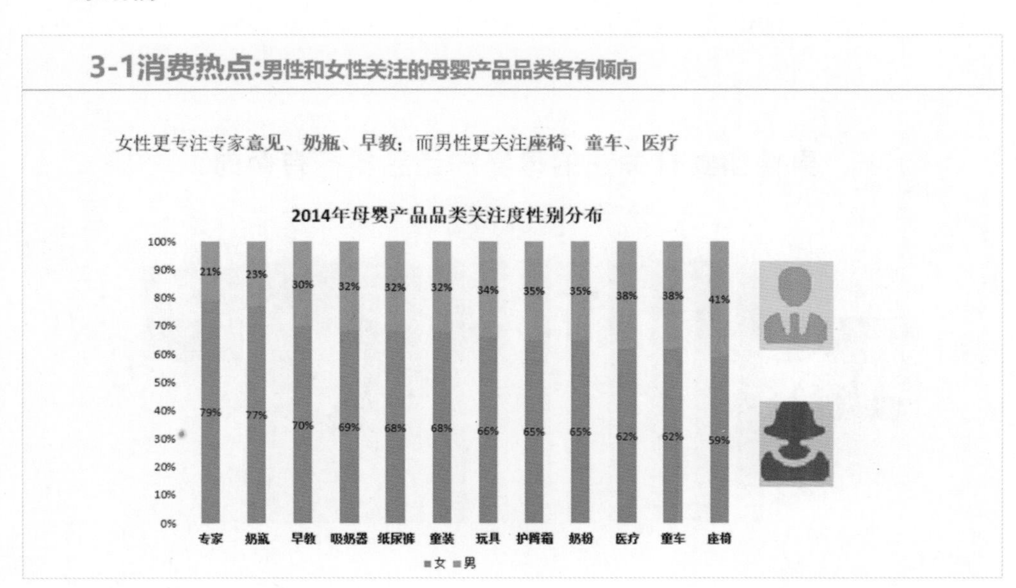

问题分析

这是一张表现男女对不同产品关注倾向的图表页面，它的问题在于，很难分清楚男性和女性与相关产品之间的对应关系。

这就带来数据图表理解上的难度。

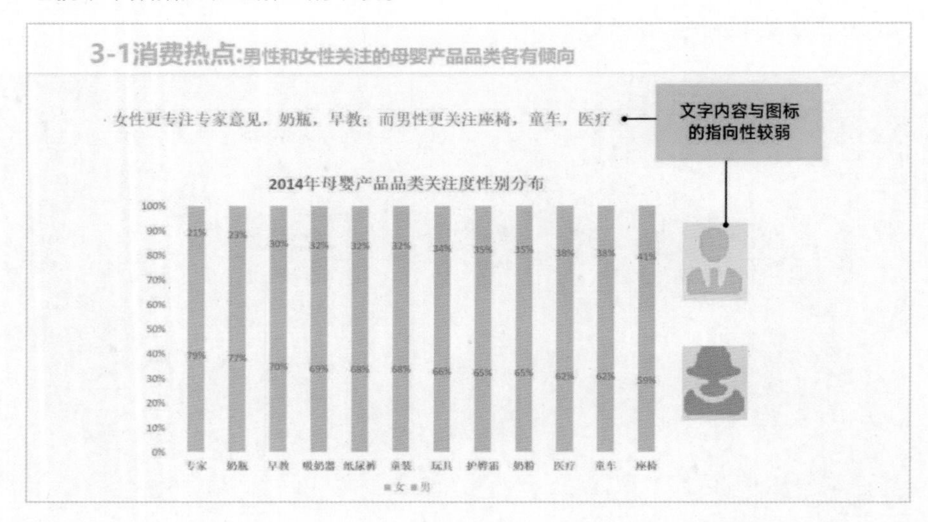

创意设计思路

为了能够将二者之间的对应关系表示得更加明显，在图表色彩的选择上，可以使用粉色代表女性，蓝紫色代表男性，以此让数据图表的含义更加清晰。

将相关产品与人物性别之间的对应关系建立联系，可以使用一个对话框的符号进行连接。

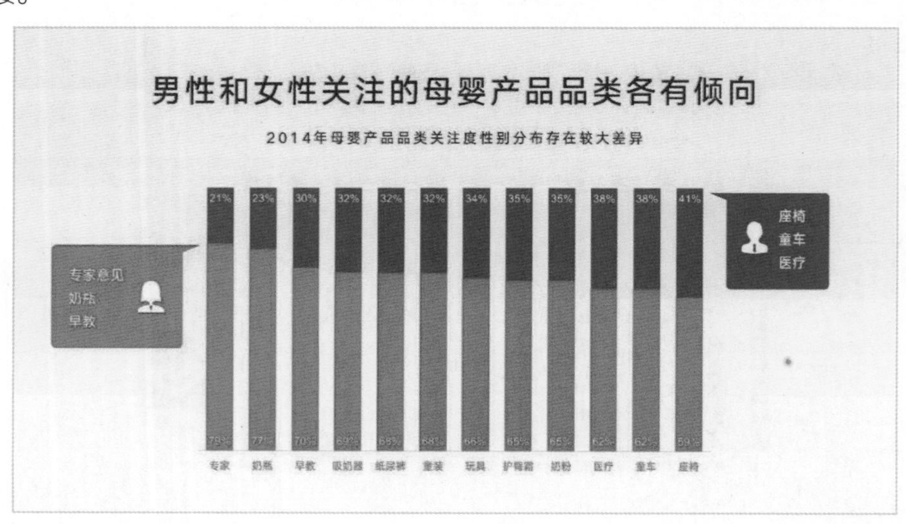

4.7 截图呈现

原始稿

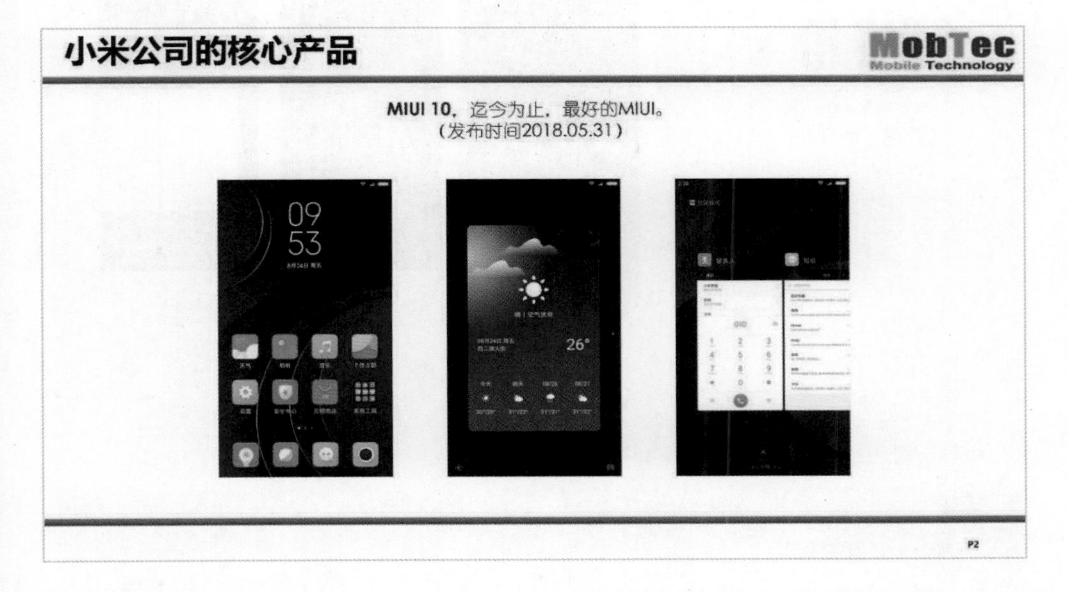

问题分析

这是一张展示手机界面的幻灯片，因为整体采用了上下结构，在界面图的展示排列方面采用了均等分布。这样虽然没有明显的设计问题，但是这种排列方式，在视觉呈现方面较为平淡。

创意设计思路

从页面文案内容来看，想要着重体现的是“MIUI 10”，但强调效果不明显，所以为了能够让它更加强烈地被凸显出来，可以将它的字号再放大一些，从而形成更强烈的对比。另外，在截图的呈现方面，可以遵循使用手机壳的方式，增添场景感。在图片排列方面，抛弃并列式排版形式，对某一张图片进行放大，与其余图片形成对比，以此来让图片的排版更具节奏感。

原始稿

问题分析

这一页主要展示华为系统的交互界面，采用了并列式排版，这样的做法没有问题，不过呈现效果较为平淡。

创意设计思路

在呈现截图方面，除了前面提到的添加手机壳或电脑壳之外，还有一种创意的做法是对截图进行倾斜。

采用对称分布的方法，将界面分别进行左倾斜和右倾斜。如果想要体现出更多界面的感觉，可以在界面后侧插入形状，来进行概念化的表现。

4.8　学术分析模型

原始稿

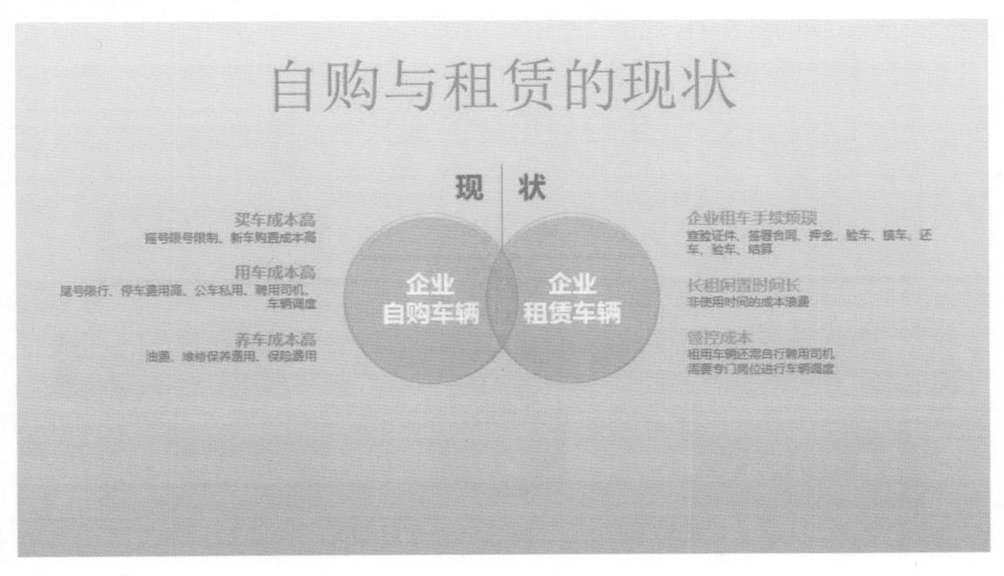

问题分析

从这一页内容来看它，它牵扯到了不同方面的对比。但从页面设计效果来看，不能很好地体现出对比。另外，页面采用的是浅灰色背景，与页面中文字颜色反差较小，容易导致内容看不清楚。

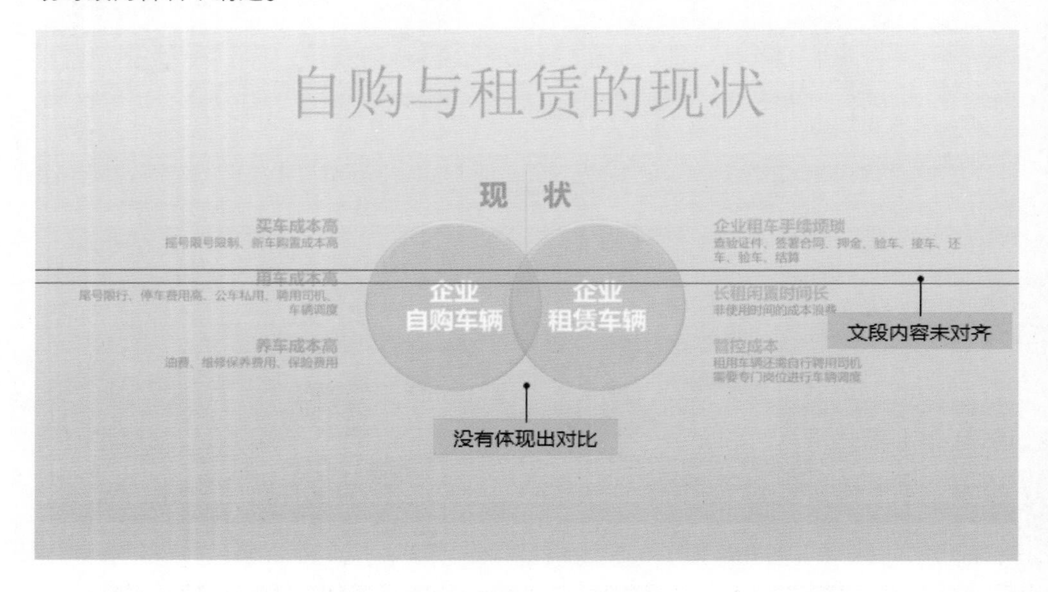

创意设计思路

为了能够体现出差别，在页面上可以使用两种不同的色彩，从而更好地体现出对比的特征。另外，为了增强页面的可视化效果，可以在页面上添加一张汽车的图片，从而更好地体现出“车”的概念。

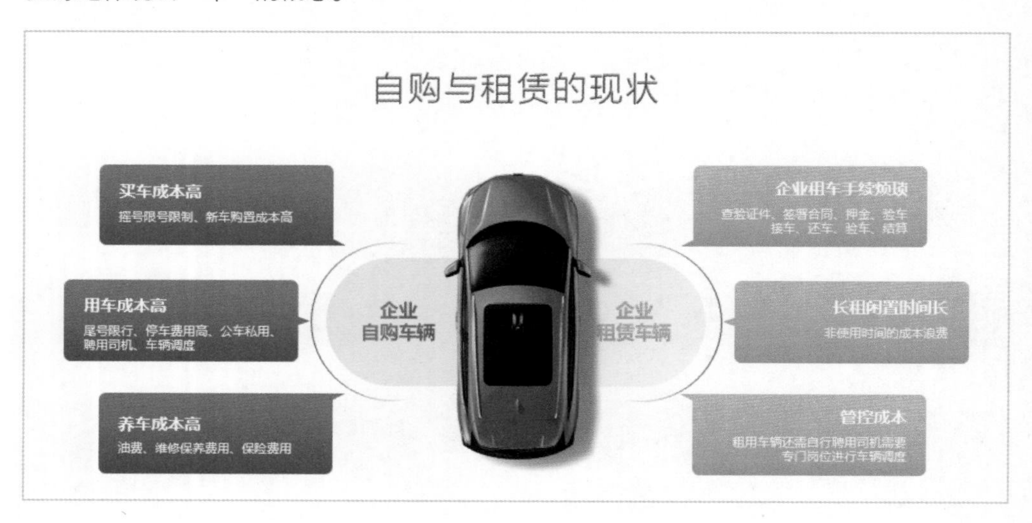

原始稿

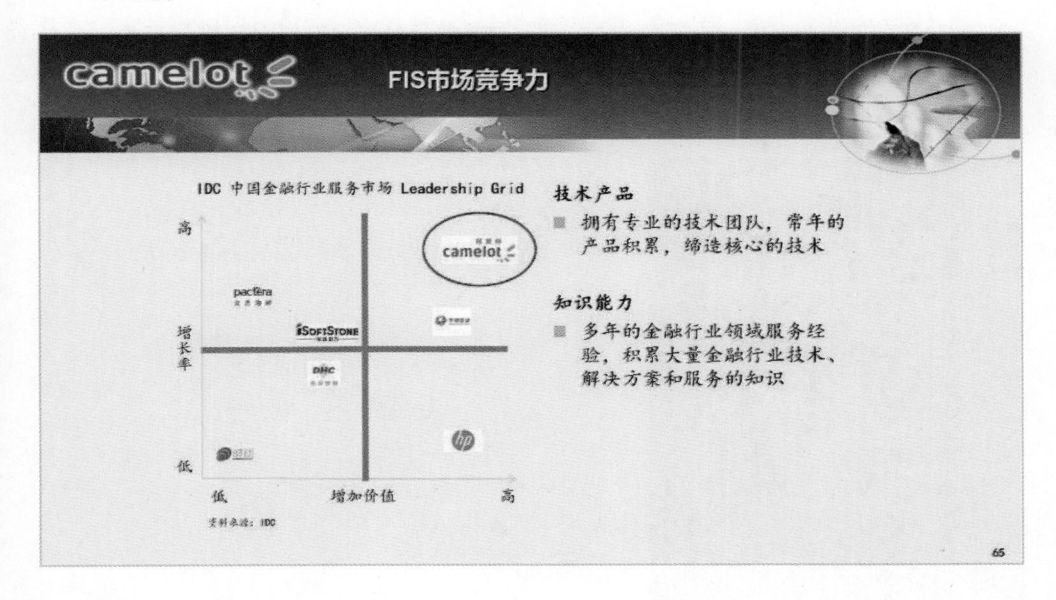

问题分析

这是一张用来分析产品市场竞争力的模型展示页面，从页面来看，它想要凸显的是“camelot”，但不得不说，使用红色线条，会导致与页面整体色彩风格不协调。另外，该分析模型的线条过粗，导致有些喧宾夺主，反而弱化了模型中的品牌图标。

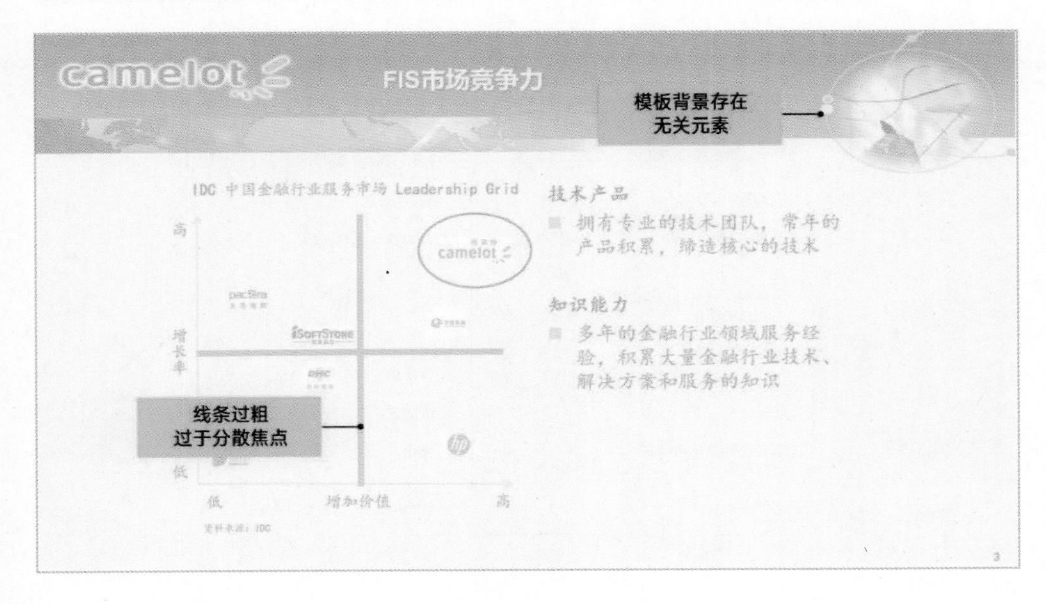

创意设计思路

如果想要着重凸显“camelot”，在不使用红色线框的情况下，还可以使用的一个方法叫去色，把对比项图标的颜色变为灰色，这样，就可以很好地凸显特定图标。另外，在绘制分析模型图时，对于起到辅助作用的线条，尽量弱化，以避免其干扰主要内容。

原始稿

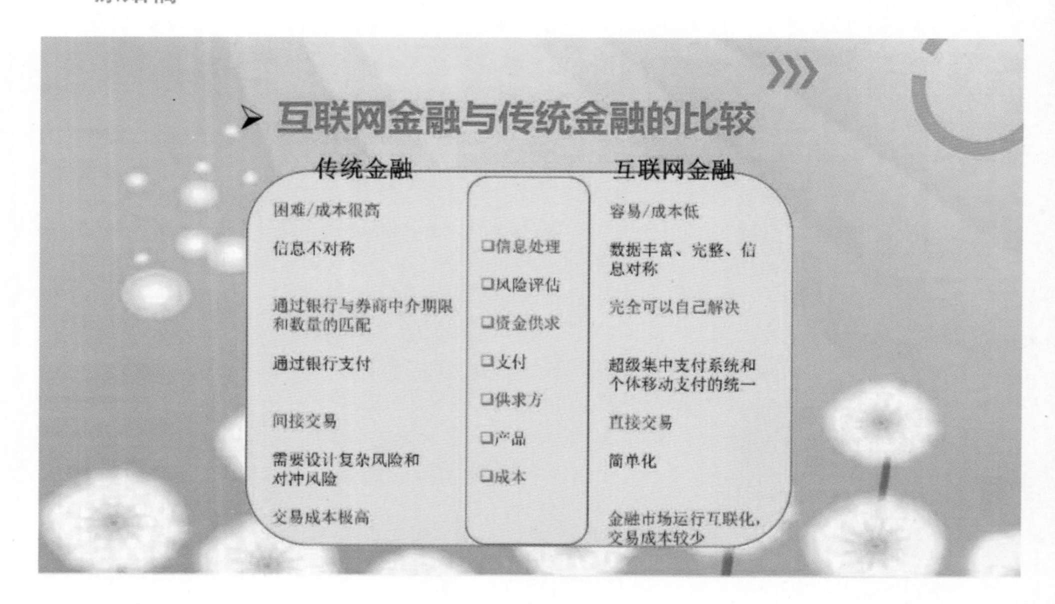

问题分析

从这一页PPT来看，它想要体现的是传统金融与互联网金融的比较，属于商务的幻灯片。它的问题是：背景图片起到干扰作用，对于内容的展示没有实际意义，可以考虑删除或更换。页面的空间利用率不足，内容堆积在页面中心，导致页面文字字号过小。页面内容两侧的呈现形式相同，没有体现出对比。

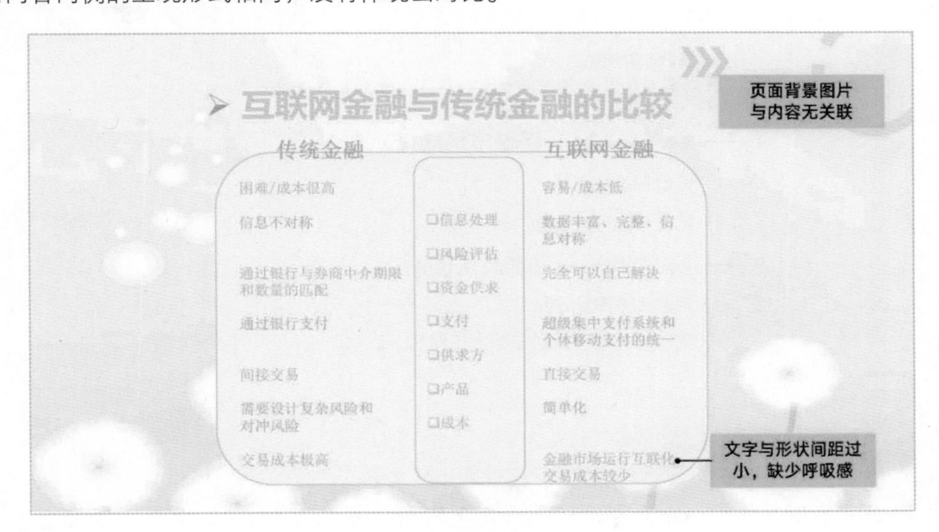

创意设计思路

更换页面底部的背景图片，可以考虑一张选用“传统金融”，另一张选用“互联网金融”，以此在背景中体现对比。在文字呈现效果方面体现对比，可以考虑选用不同的色彩进行比较。

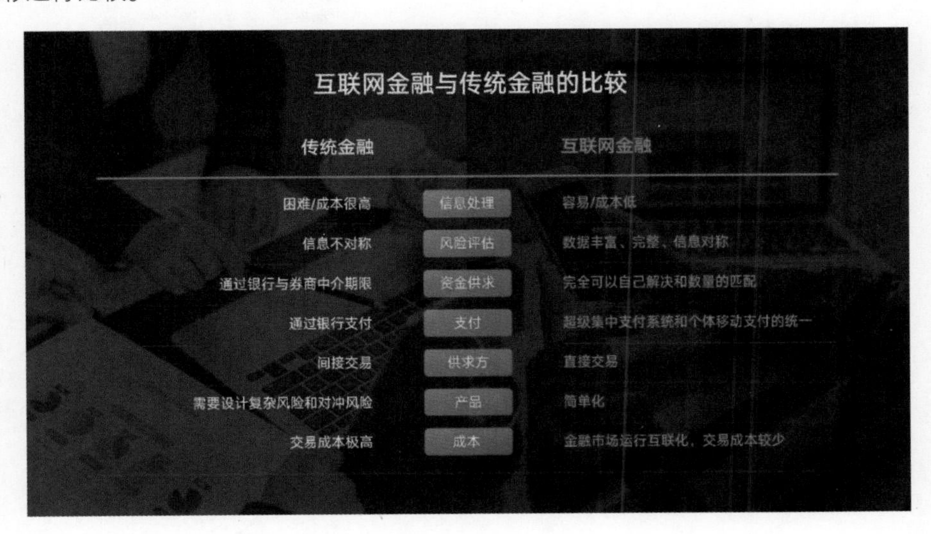

原始稿

问题分析

页面的视觉风格较为杂乱，主要体现在色彩和字体使用不统一。另外，页面上也出现了与内容关联不大的3D小人元素。

创意设计思路

为了能够分别体现STP的含义，可以将页面划分为三个版块，并将内容填入相应的区域内。对页面上的字体和色彩进行统一，来确保视觉风格的一致性。

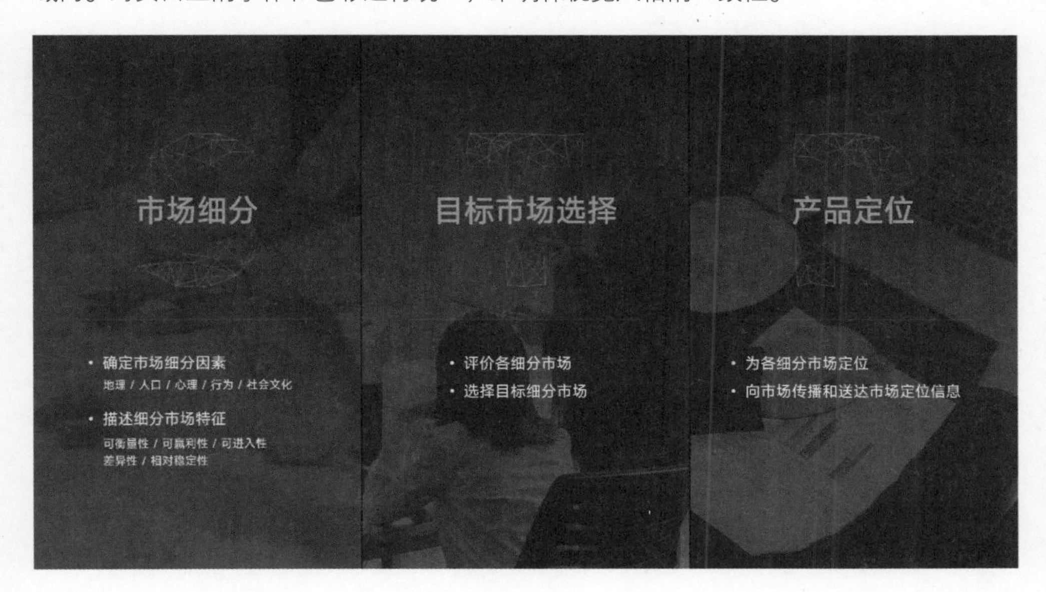

原始稿

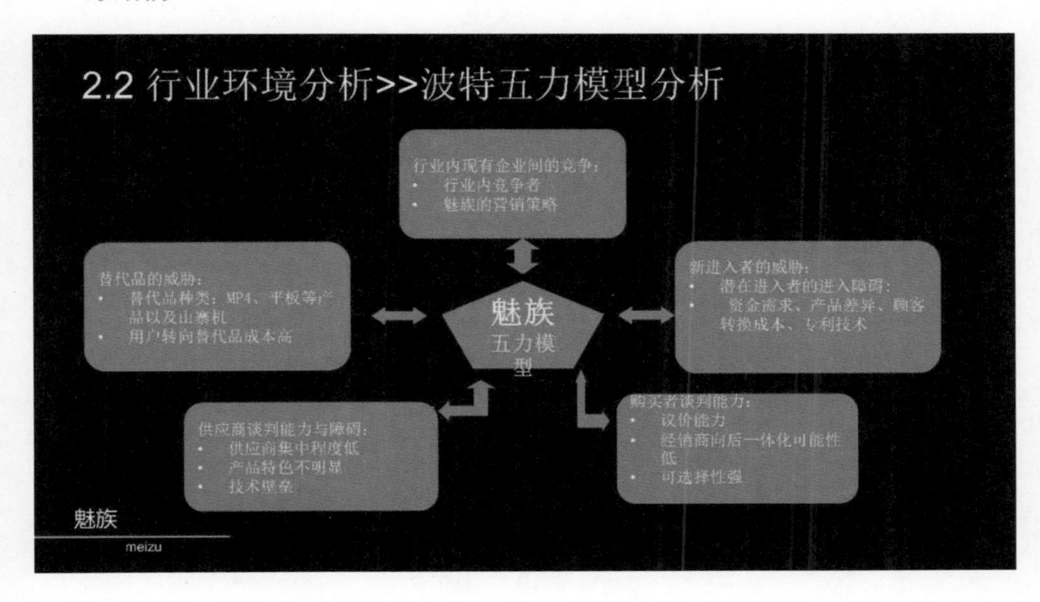

问题分析

这一页借用波特五力模型对魅族进行分析，从设计方面来看，这页PPT的问题主要体现在两个方面：页面中形状的使用缺少一致性，尤其是双向箭头的使用；文字内容与形状的间距不统一，有些文字内容甚至溢出了形状。

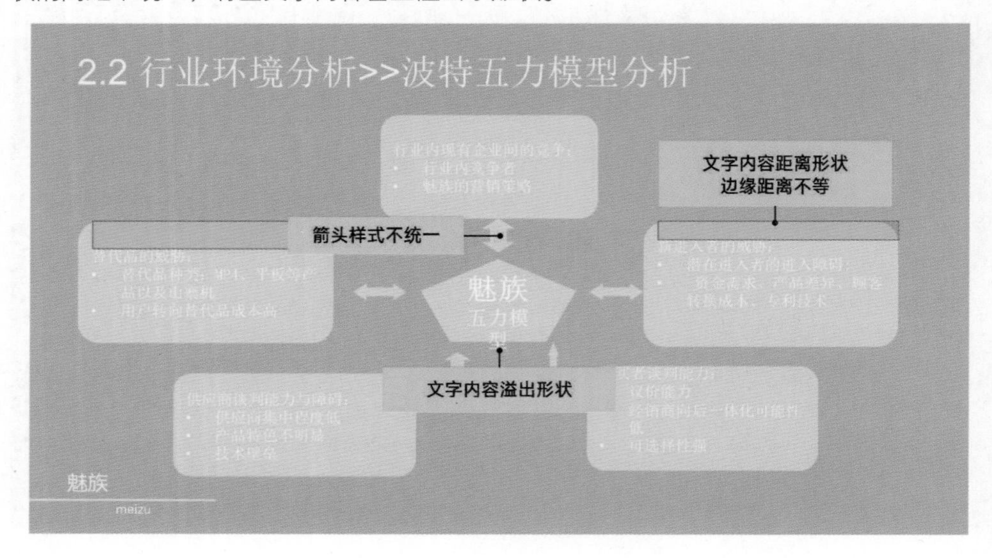

创意设计思路

在优化设计方面，主要对原稿中不规范的形状进行统一，从而更好地体现出风格的一致性。修改形状的样式，并且突出标题文字的内容，与正文内容形成对比，也是为了能够体现一致性。

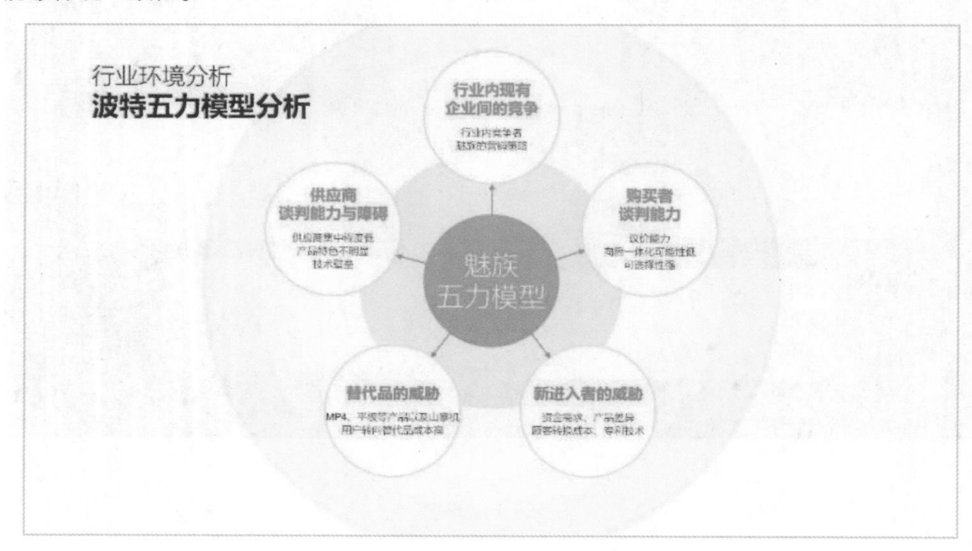

原始稿

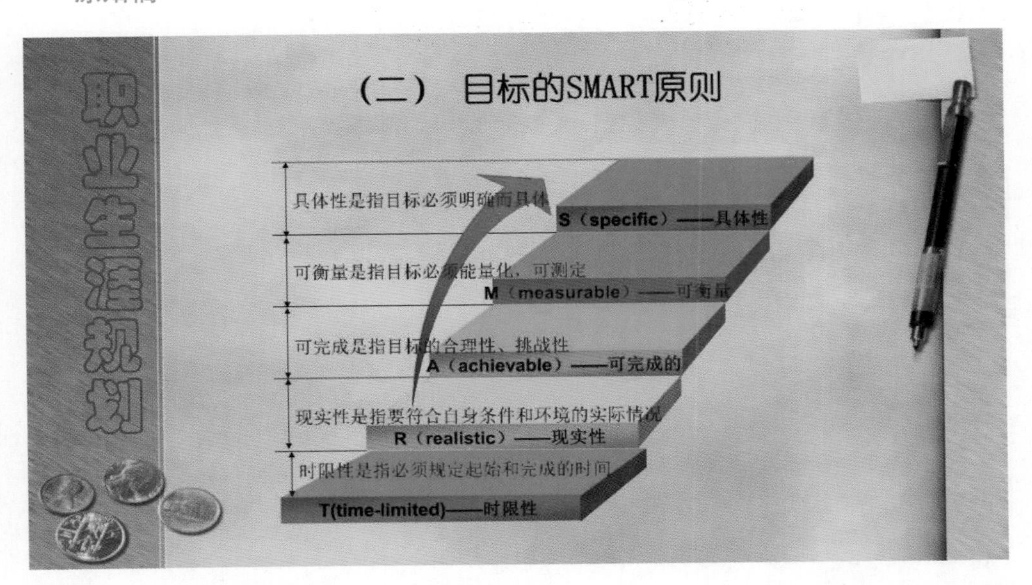

问题分析

这是利用SMART原则，对职业生涯进行规划的PPT，它的主要问题在于两方面：页面文字内容过于拥挤，从而导致页面看起来缺少条理性。另外，部分文字内容与底部的色块颜色差异较小，从而导致文字内容看不清楚。

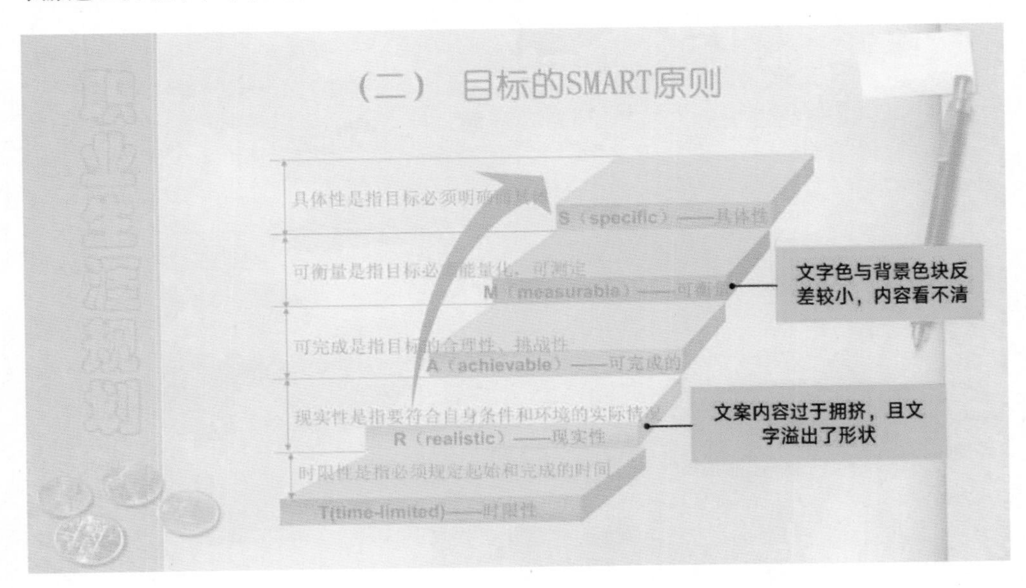

创意设计思路

将页面排版形式从上下结构修改为左右结构，从而为内容排版留出更大的空间，可以很好地避免文字字号较小的问题。

利用不同高度的立方体色块呈现SMART原则，从而体现出递进的感觉。

Chapter

05

第5章

实战演练：经典场景幻灯片整容计划

5.1 总结汇报

总结汇报类PPT演示是职场人士都会面临的一个场景。一般而言，它的叙述逻辑是回顾过往工作、沉淀经验及展望未来，而为了能够增加PPT的说服力，建议尽可能多地使用数字进行表达。另外，在PPT的表达方面，遵循金字塔结构，结论先行，这样会更容易让领导或者同事清楚你要表达的内容重点是什么。

整体页面问题分析

从视觉风格方面来看

- **色彩搭配：** 页面整体色调以蓝色为主，搭配了一些近似色。这一点相对较好，但美中不足的是，页面上夹杂了一些其他颜色，比如红色、紫色，导致色彩搭配有些混乱。
- **字体选择：** 这是一份年度的商务报告，比较适合像微软雅黑等其他字形较为规整的字体，但在案例中可以明显看到，页面中使用了多款字形不统一的字体，有隶书、楷体、宋体等，不仅破坏了整体商务的感觉，且显得字体风格也较为混乱。

- **版式设计：**在PPT中的第2～4页，页面版式布局相对统一，第5页中，标题栏的版式设计明显与其他页面存在差异，且多出了一句英文。

整体页面修改思路

基于前面分析得出的相关问题，在修改优化方面，可以做出以下的重新设计。

- 统一整体的色调。因为PPT内容是商务报告，可以采用单色系配色法，可以考虑整体以蓝色为主。
- 统一整齐的字体。以微软雅黑为主，体现商务感。
- 统一页面的版式布局。尤其是将标题栏的版式进行统一。

修改后的整体风格如下：

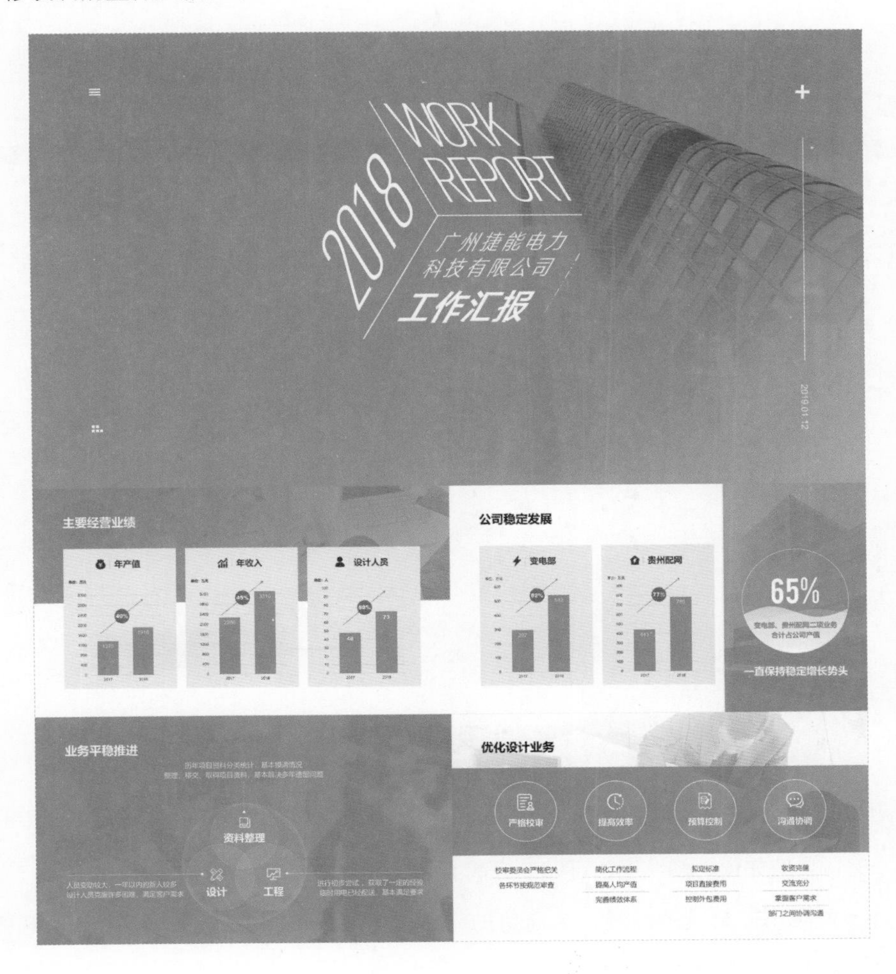

具体页面分析

封面页的设计

浅白色的背景上写出了一句标题文案，虽然醒目，但是页面视觉风格稍显单调。另外还有一个小的细节，文案的位置没有居中排列。

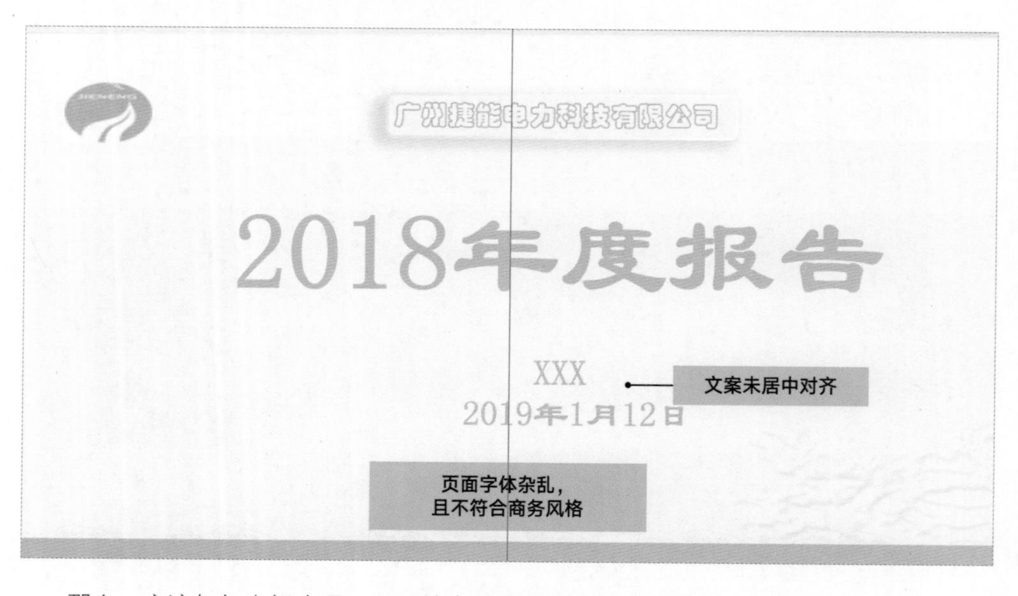

那么，应该如何去解决呢？可以结合前面的内容，先来思考一下。

对于页面比较单调的问题，最简单的方法是，可以在背景上添加一张商务感的图片，并且为了避免图片对文字内容的干扰，可以在图片上方，覆盖一层半透明的形状蒙版。

在文字布局方面，结合前面讲过的全图型PPT的布局内容，可以选择将文字放在页面左侧的干净区域，并且为了避免页面单调，可以添加一些小的修饰元素。

这样，一张封面就算完成了。

数据展示页面

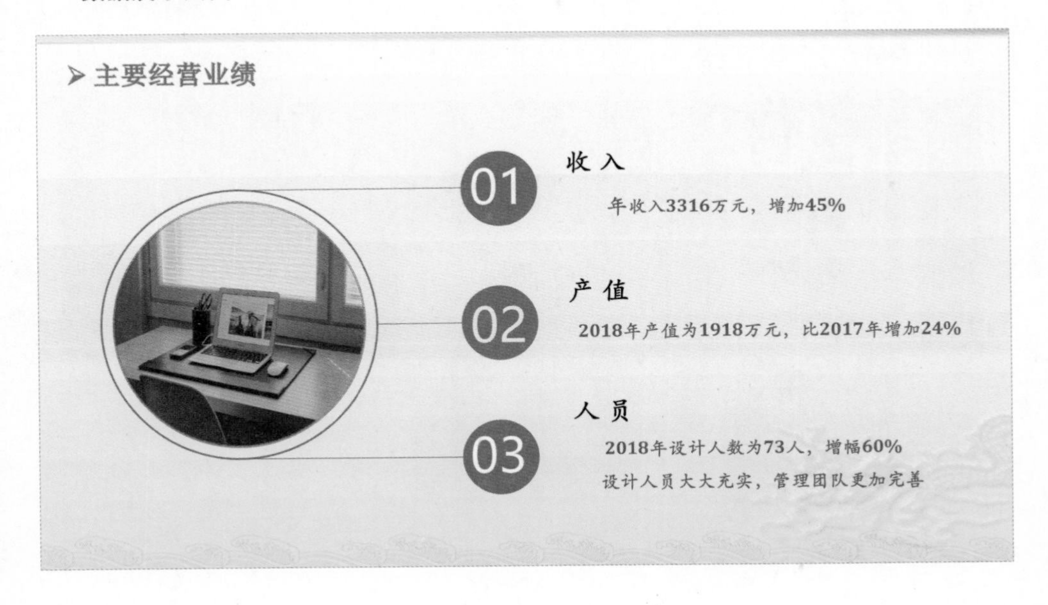

这一页的问题，主要存在于两个方面：

一是页面上存在无关元素，左侧的图片与内容没有实际的关联性，可以考虑删除或者将其弱化。

二是在数据呈现方面，没有直观地将数据的变化呈现出来。

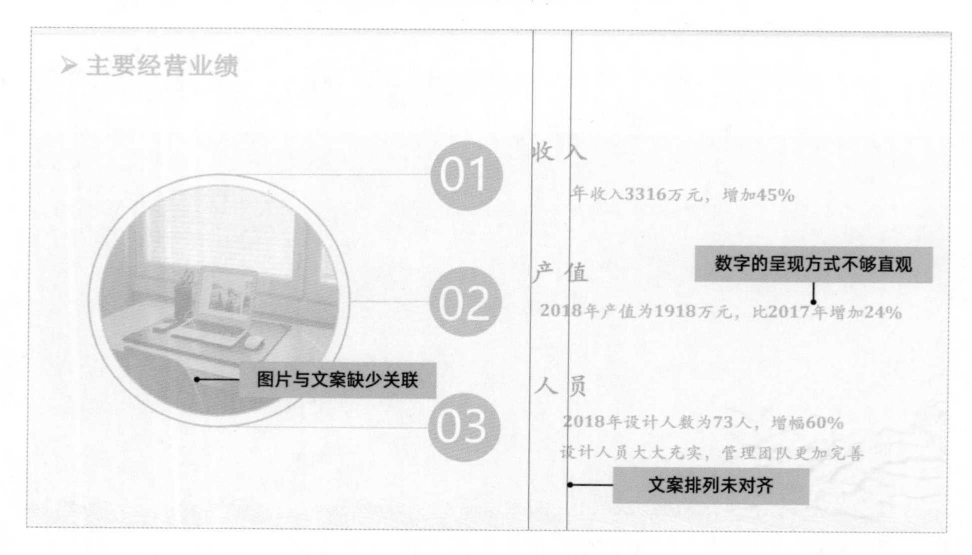

先来重新规划页面的版式布局。从之前的左右布局修改为上下布局，为什么这样做呢？因为在数据的可视化呈现方面，我们会使用柱状图。而使用上下布局，可以为图表布局留出更大的空间。将数字修改为图表呈现，这样的做法，主要是为了能够更好地进行可视化呈现。

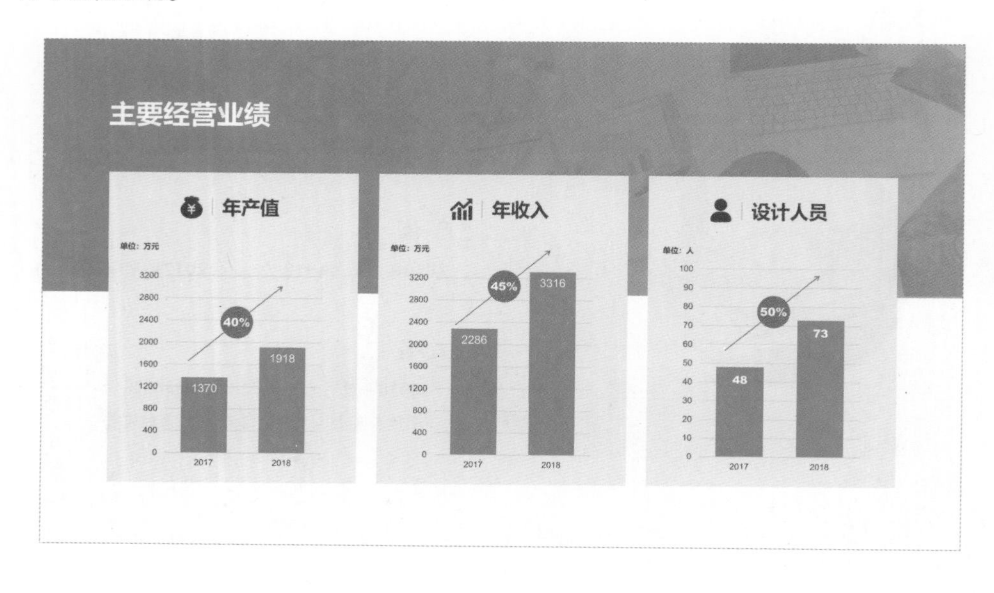

数据展示页面

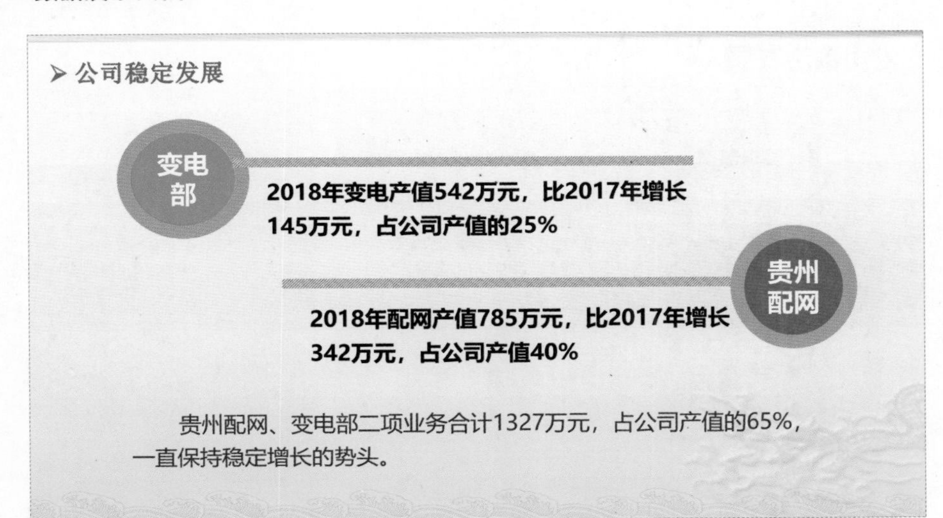

这一页的问题，也主要体现在两个方面：

一是数据可视化呈现方面，与上一页相同，没有直观地将数据的变化呈现出来。

二是在底部文字段落排版方面，不需要考虑在文段前面空两格。

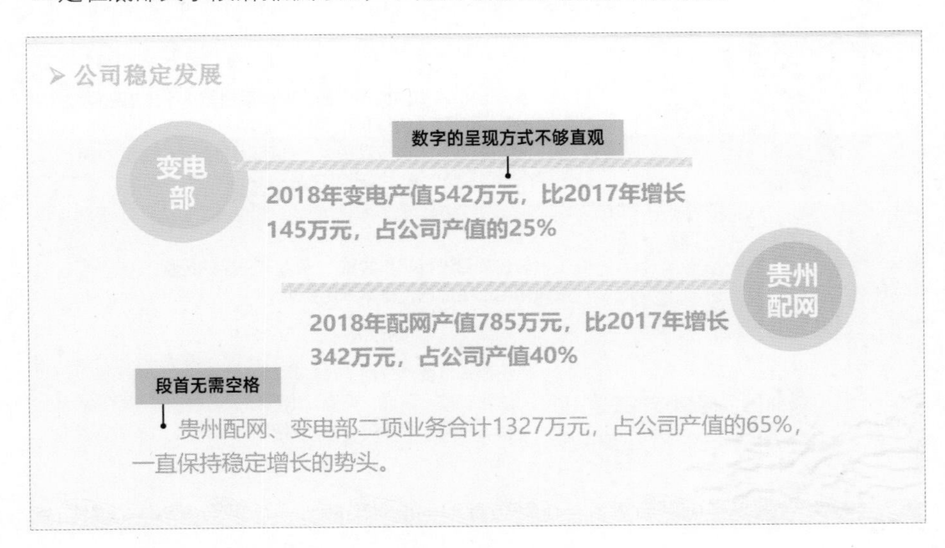

那么，应该如何去解决呢？可以结合前面的内容，先来思考一下。

将数字进行可视化呈现。方法就不多说了，不太清楚的读者，可以参考前面章节中的图表设计内容。对于底部的文字段落，把核心的重点数据，以可视化的形式呈现出来。同样，也需要对版式的布局进行重新设计。

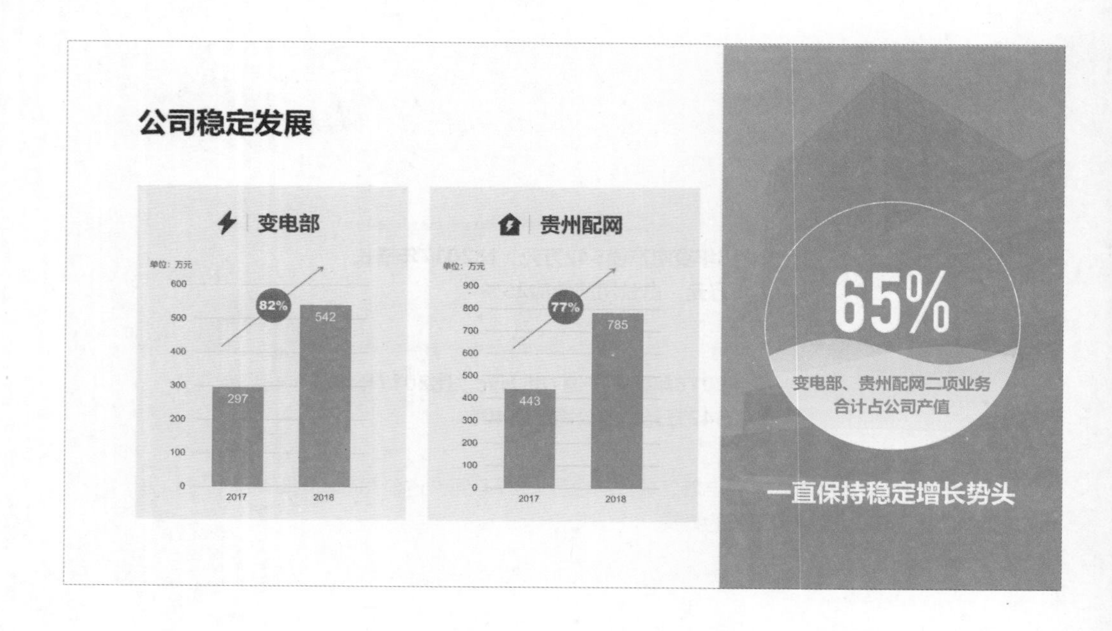

三段文字页面

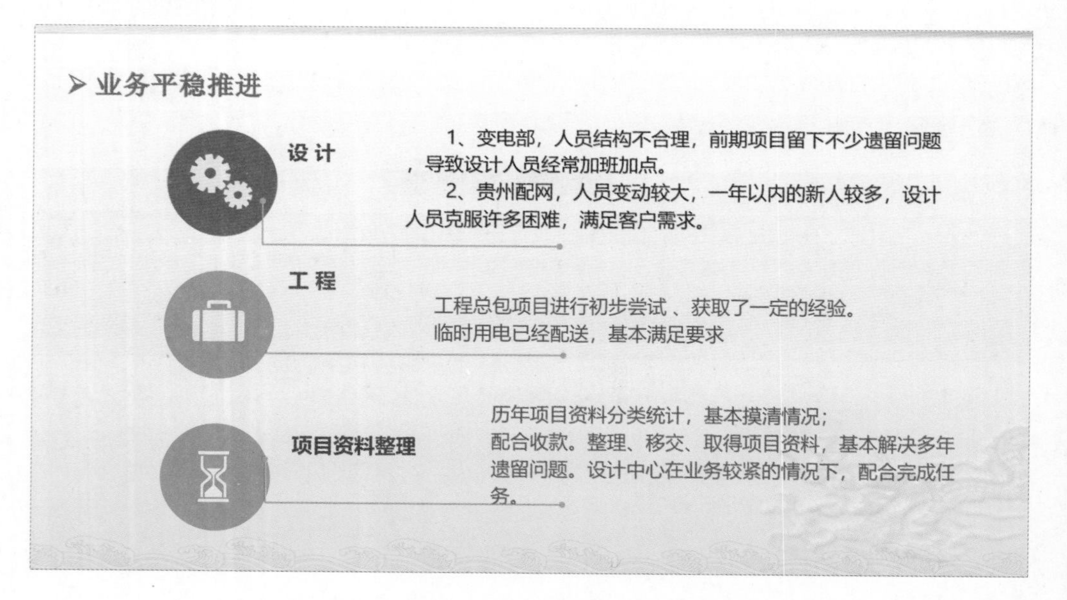

这一页PPT中使用了小图标元素，但是图标的含义与文案没有关联，反而会引起歧义。在文段排版方面，缺少基本的对齐，从而导致三段文字的排版显得较为混乱。

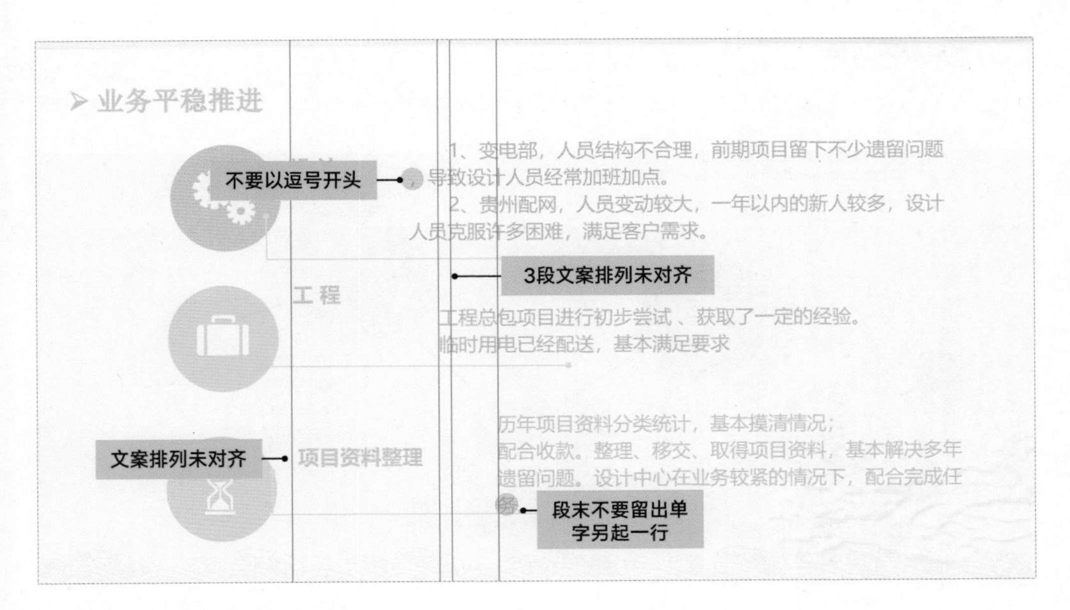

可以参考以下方式去解决。

通过对内容分析可以发现：这三个方面都属于业务的范畴，可以利用韦恩图来展示三个具体的业务项。更换与文案有关联的图标元素，让可视化效果更加清晰。

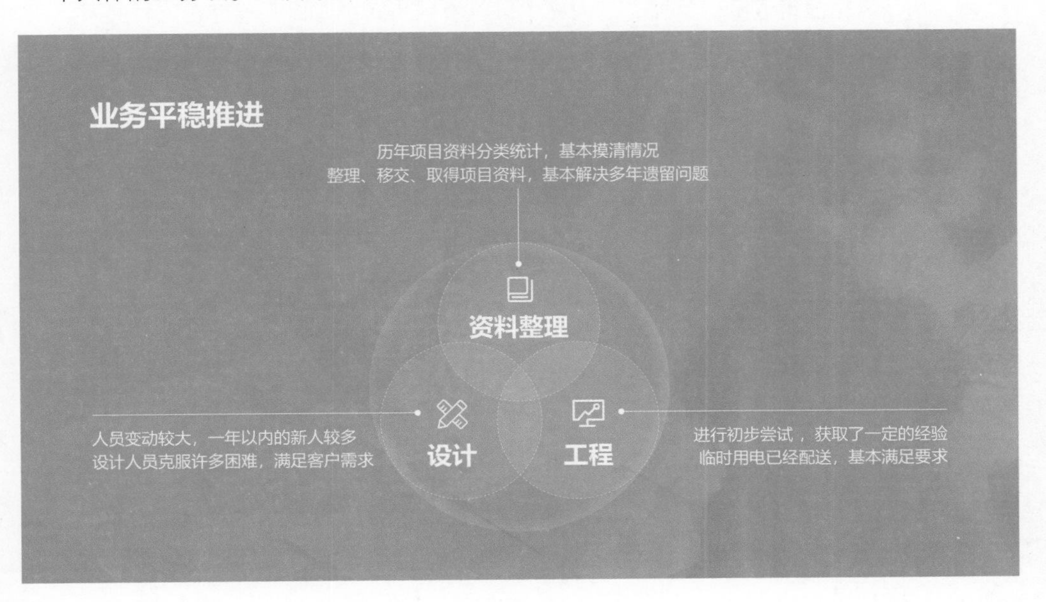

业务展示页面

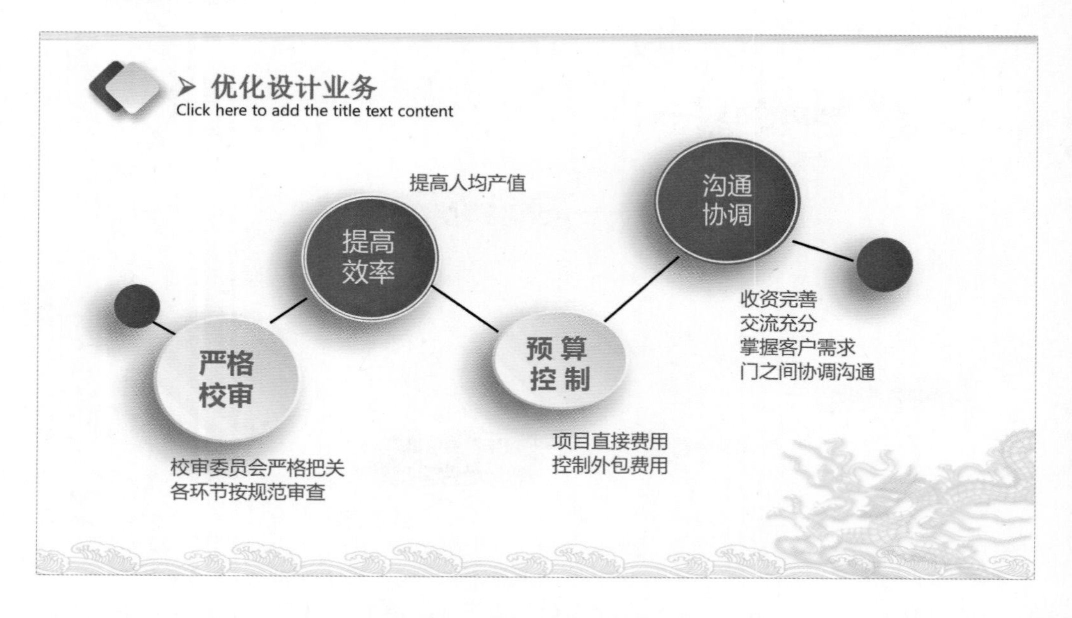

如果单纯从这一页进行考虑，我们会发现圆形的效果格式不统一，有扁平化也有微立体风格，风格显得混乱。另外，从内容中可以看到：四个方面并不存在流程关系，所以，使用线条进行连接并不恰当。而且，在排版方面，视觉效果上也稍显杂乱。

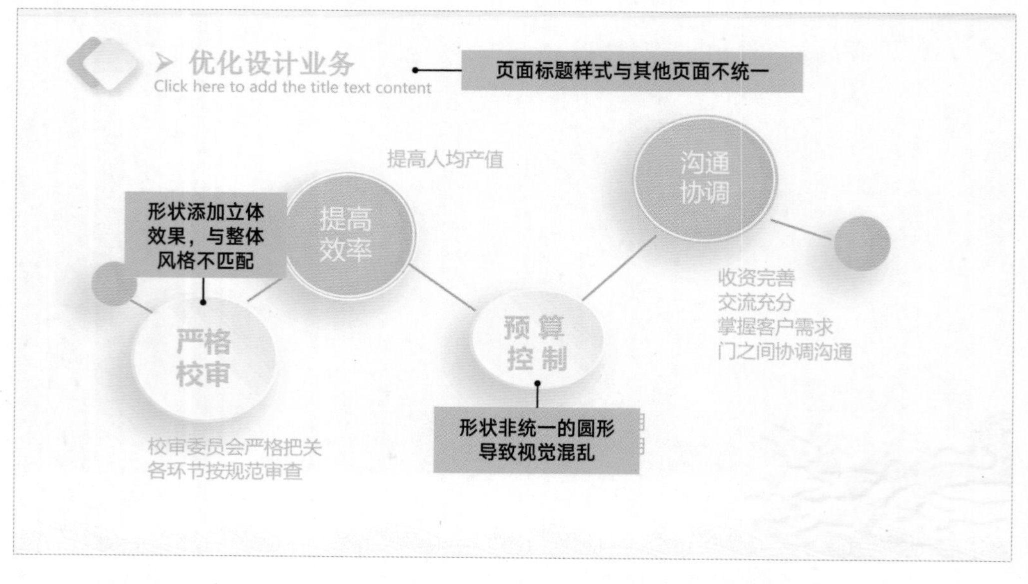

因为这是优化设计业务的四个具体方面，所以对其进行并列排版即可。

这里有一点需要再来提醒一下，两两元素之间的距离，一定要小于页面边距，这样的排版效果才会更加美观。

5.2 商业路演

对于很多创业者来说，对商业路演类的PPT应该不会陌生。对于路演类的PPT设计来说，我们的演示对象往往是投资人，所以，能够快速地讲清楚市场问题以及相应的解决方案，并让投资人看到未来的巨大市场前景，这是路演PPT的重点。

此外，因为路演类项目往往是在表达一个全新的概念，所以，为了能够让投资人快速理解这个项目的本质，可以考虑使用类比或者图解的方式，进行视觉呈现。

整体页面问题分析

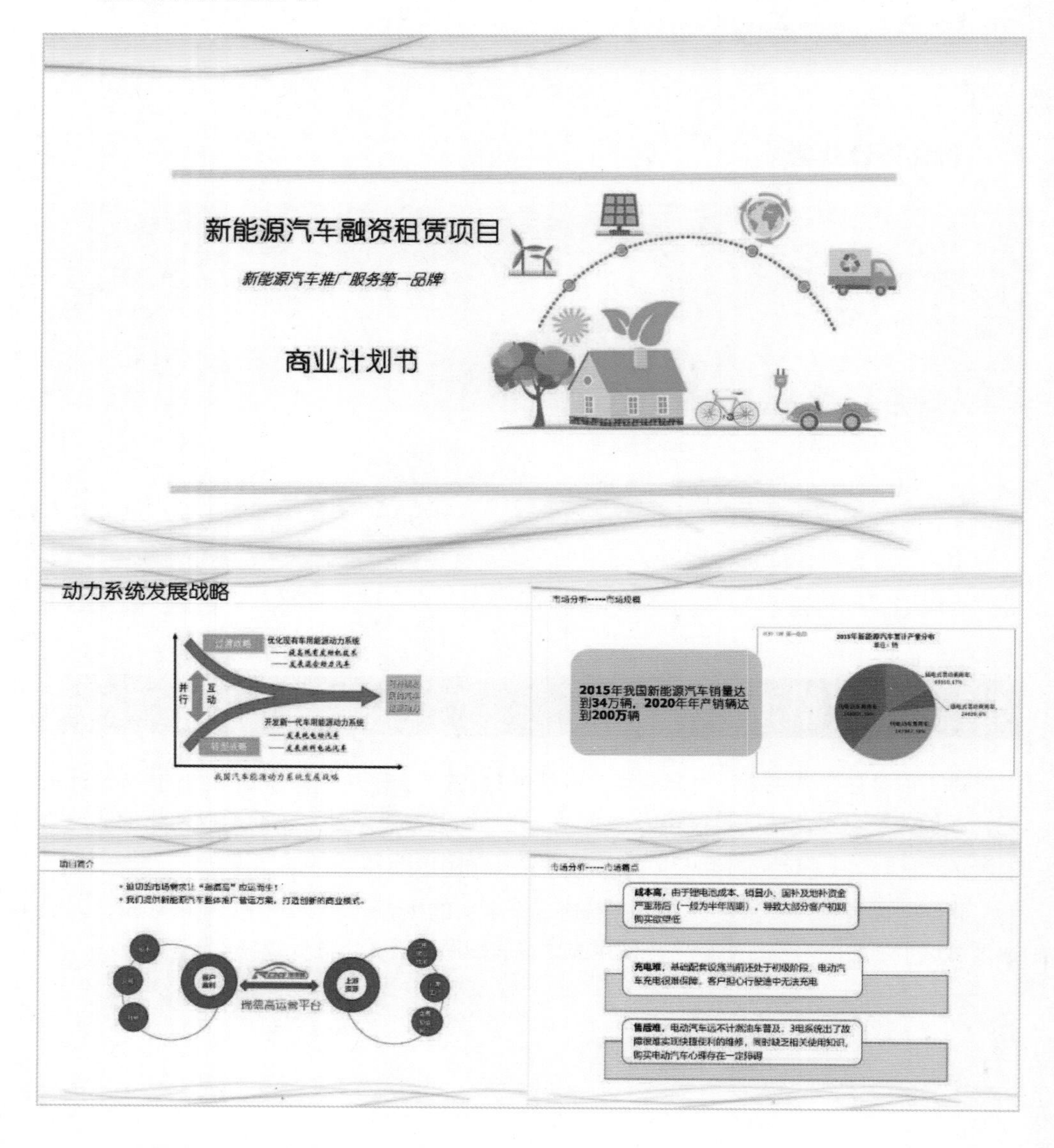

从视觉风格方面来看

- **色彩搭配：**这是一套与新能源汽车相关的幻灯片，但整体的色调却选择了粉色，在主色调选择上，有些不准确。另外，整套幻灯片的色彩非常繁杂，多达七八种颜色，在视觉上有严重的混乱感。
- **字体选择：**整套幻灯片的字体风格，选用了圆体与黑体的结合，这样虽然没有特别严重的问题，但其实为了保持视觉风格统一，使用单一风格的字体即可。

- **版式设计：**在页面的版式布局方面，整体上是采用了上下结构，但第二页的标题栏布局设计，略显突兀。

整体页面修改思路

基于前面分析得出的相关问题，在修改优化方面，可以做出以下的重新设计：

- 将幻灯片的主色调，修改为与新能源汽车有关的素材，可以考虑选择蓝绿色为主。
- 统一换灯片的版式布局，让整体的版式设计风格更加统一。
- 统一幻灯片的字体，正常情况下，使用微软雅黑即可。

修改后的整体风格如下：

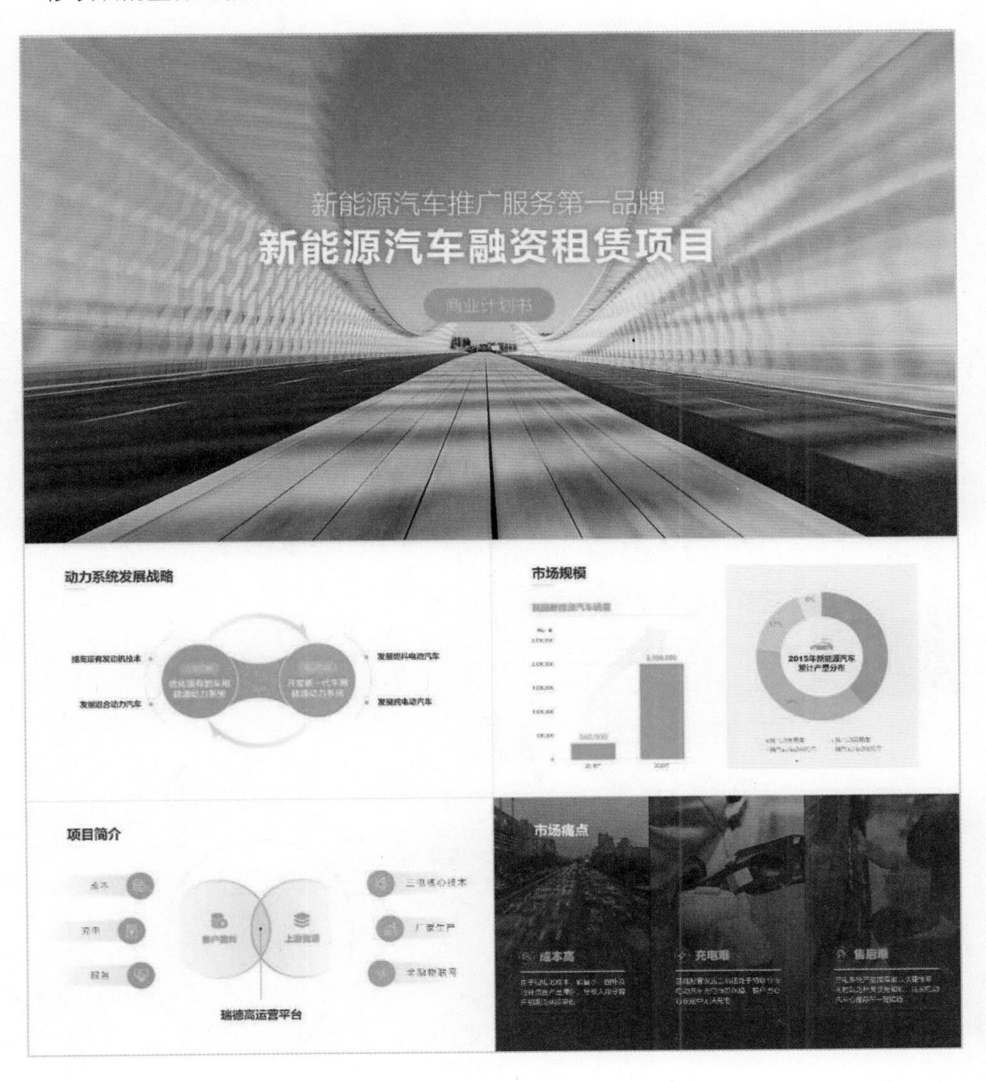

具体页面分析

封面页的设计

封面页的设计显得非常简陋，标题文案的字号过小，很难体现出封面的文案重点。封面中使用的插图不明所以，很难体现出文案所表达的具体含义。

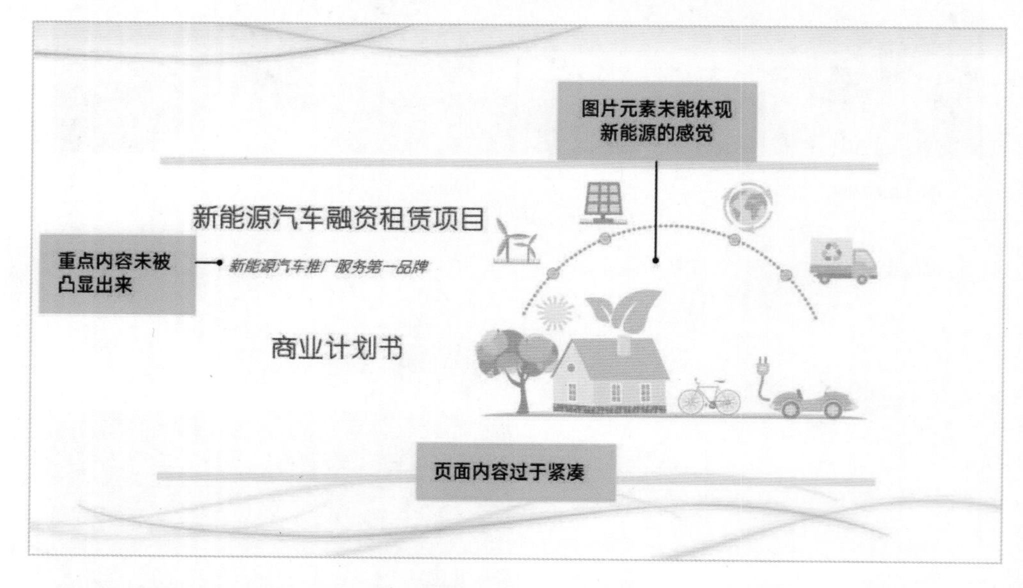

对于封面页的设计来讲，要做到重点突出，可以考虑将文案进行居中排版，以此更好地凸显文案的视觉焦点。

文案内容所体现的是汽车融资租赁项目，所以在选择配图时，可以考虑选择道路、驾驶等相关的图片素材。

发展战略页面

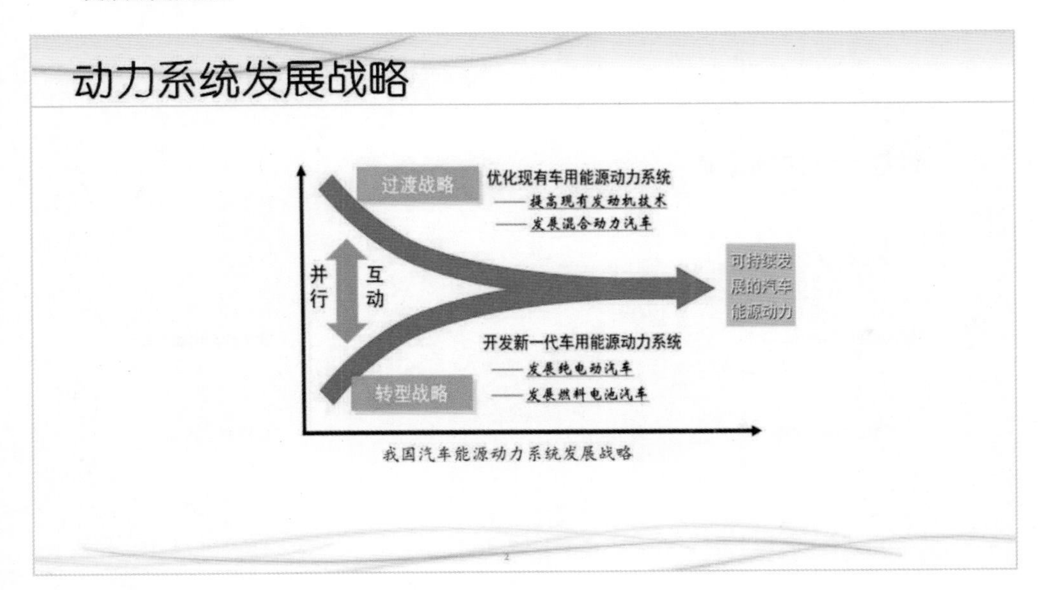

在内容的可视化呈现方面，这个页面做得很好，可以很清晰地看到内容之间的逻辑关系。不过，这种可视化设计令人难以理解的地方在于，两条坐标轴的含义到底是什么。

另外，还有一些细节问题，比如像文字内容未对齐，标题文字样式不统一，以及页面字体风格不统一。

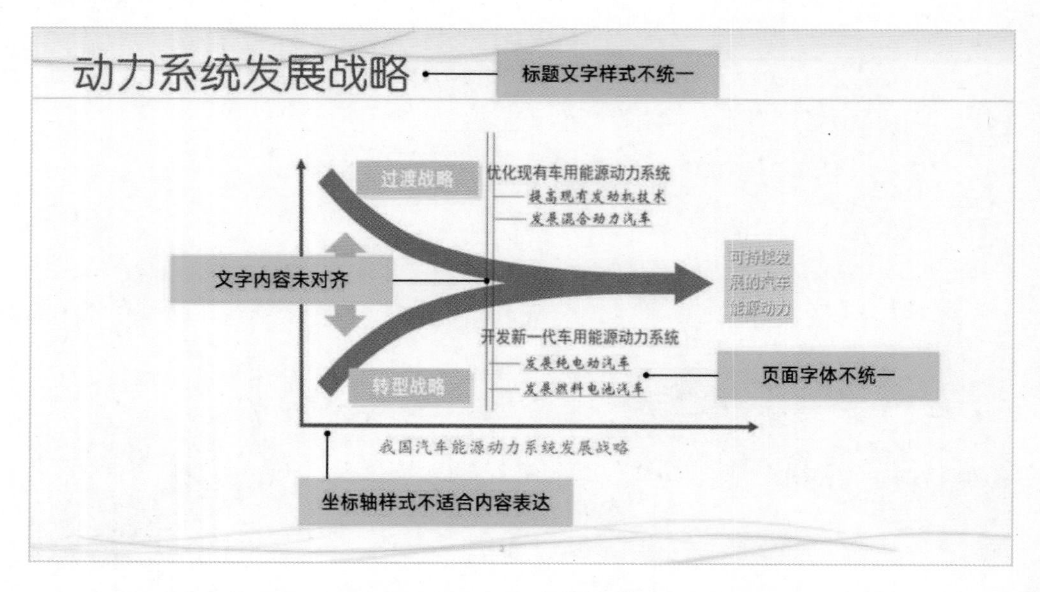

如果对内容有足够的理解，其实可以发现，两种战略是互相并行的关系。而每一种战略，又分为两个不同方面的要求。

所以，在可视化呈现方面，可以更换一种全新的形式。

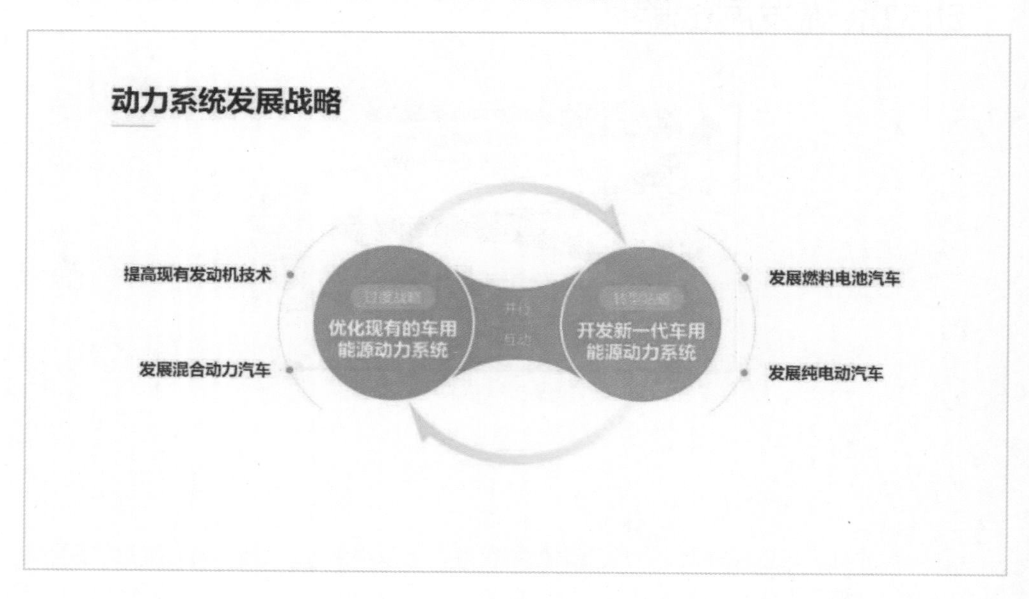

数据展示页面

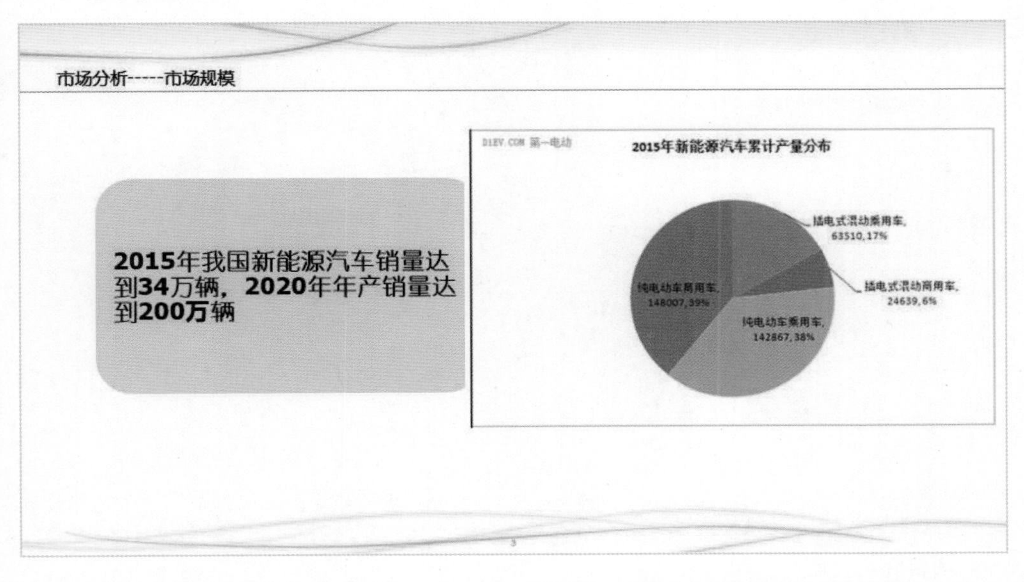

文字部分的数据，缺少可视化的呈现形式，且右侧的数据图表是一种截图形式，风格与整套PPT不协调，所以，可以考虑重新绘制。

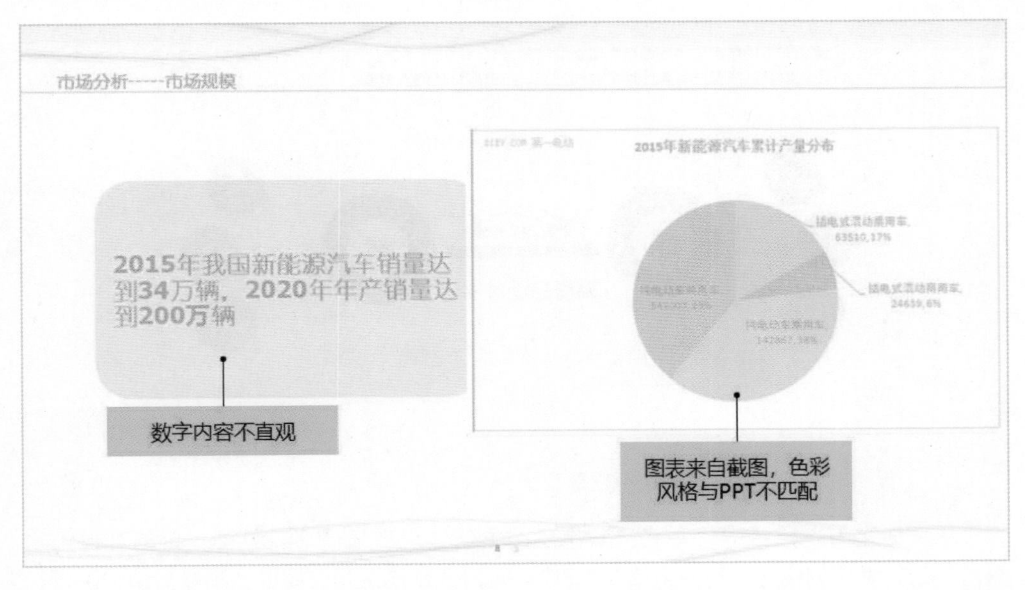

可以考虑使用柱状图来进行呈现，因为文中牵扯到数据的提升，所以，可以添加箭头来表现上升的效果。另外，对于右侧的图表，需要更改它的色彩，从而让它与整体的视觉风格更加匹配。

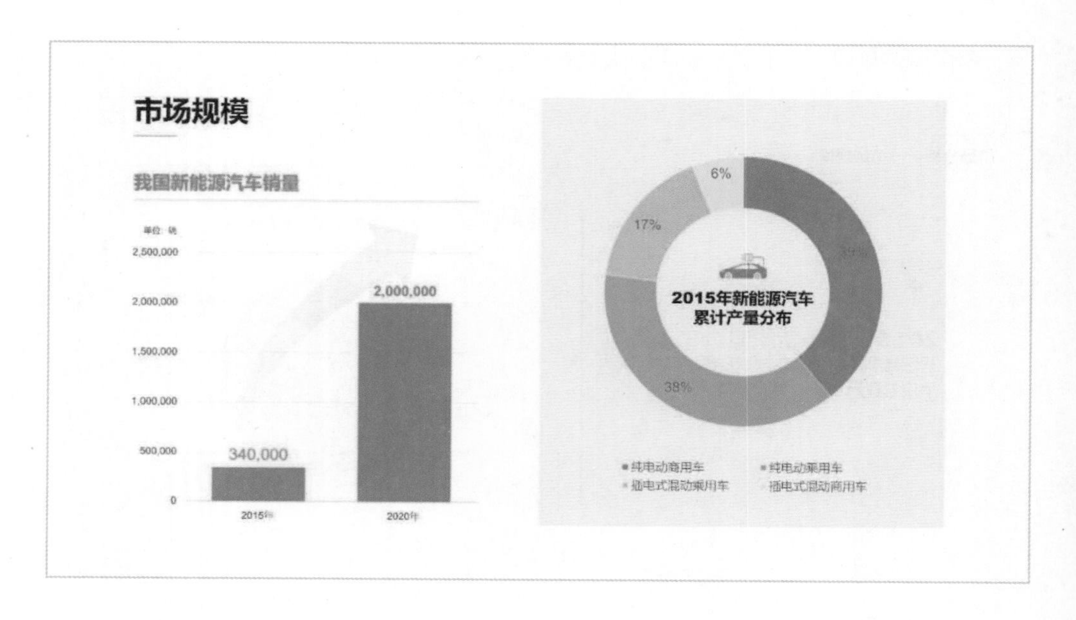

项目介绍页面

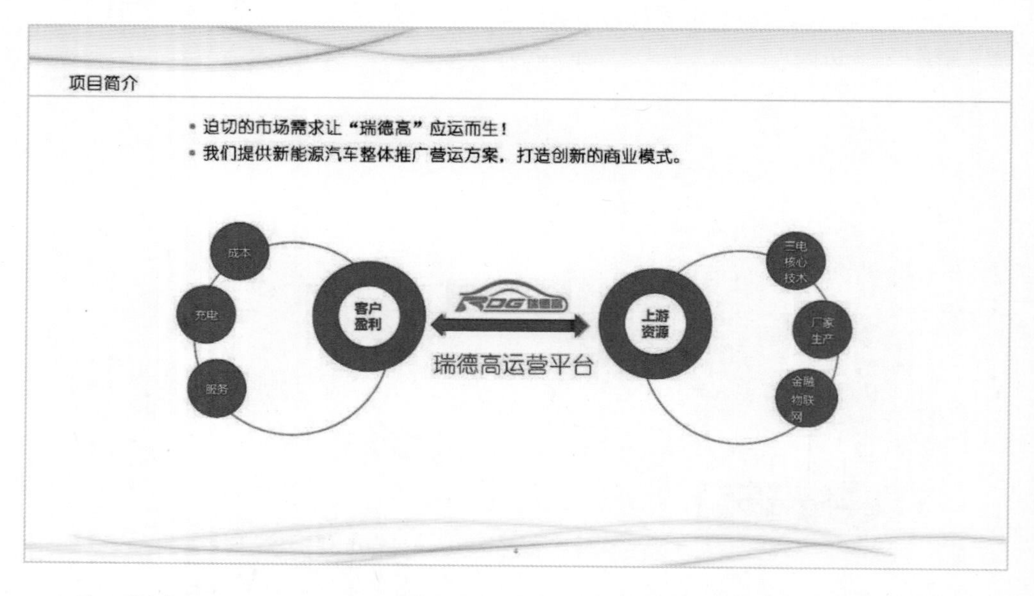

从页面来看，已经很好地将运营平台的价值体现出来了，且具备一定的可视化效果。不过，考虑到这是一份用来路演的PPT，页面顶部的两句文案内容稍显多余，因为正常情况下，是需要演讲人讲出来的，所以删除即可。

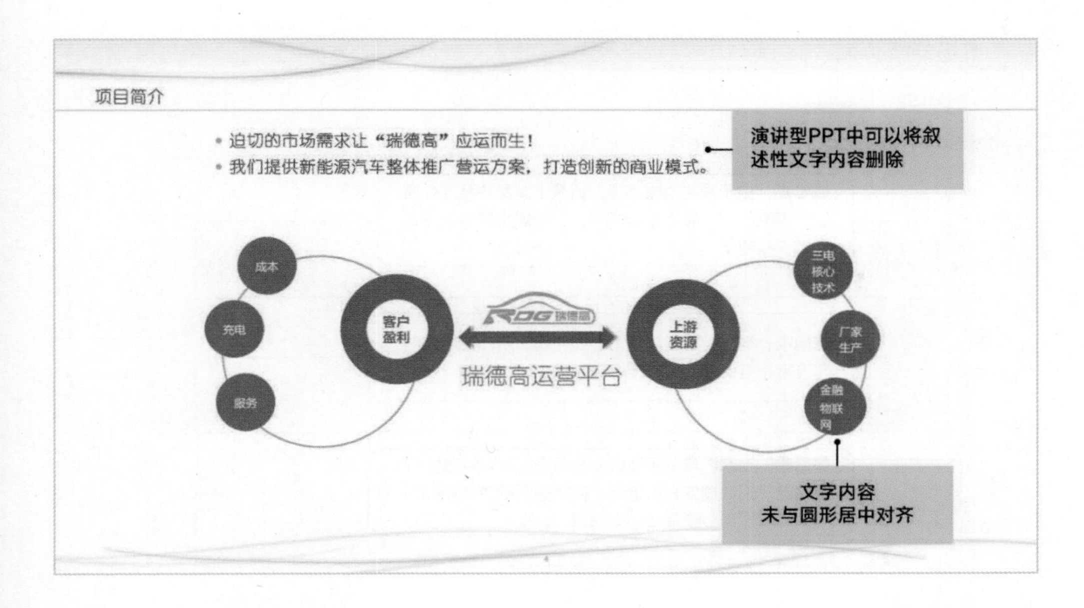

原稿中虽然做了很好的可视化呈现，但是页面上稍显单调，所以，可以添加一些小图标，来让页面变得具备可视化效果。

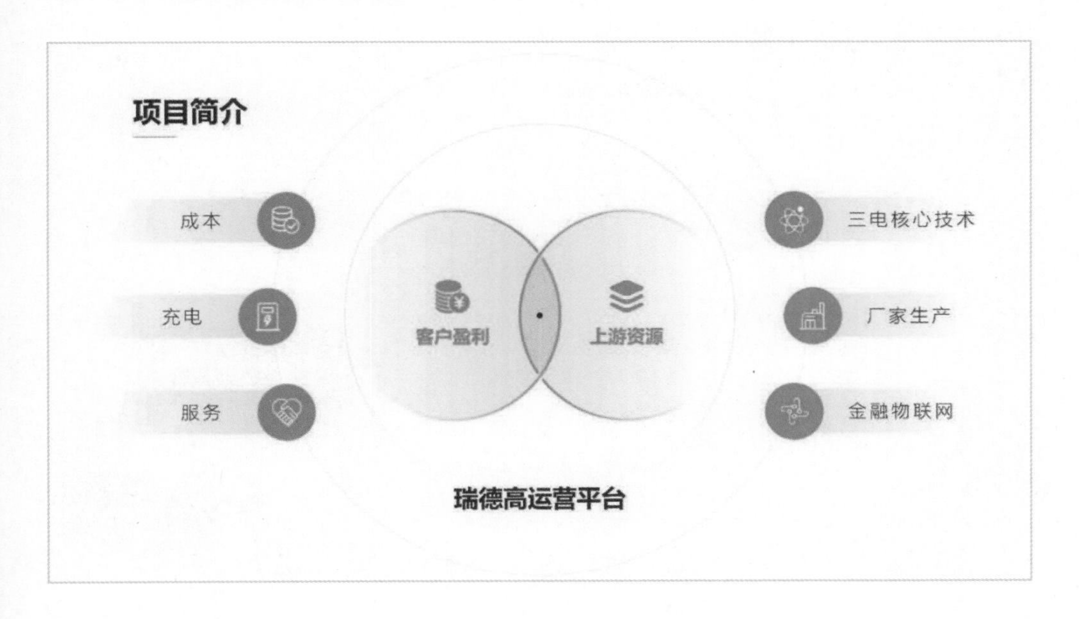

市场分析页面

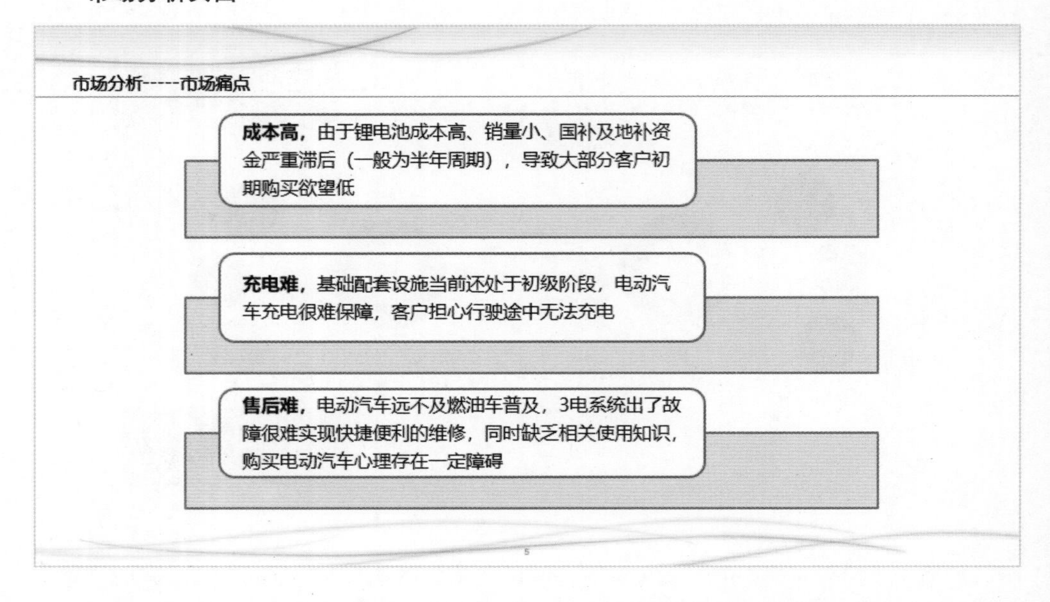

这一页讲了三个市场痛点，虽然结构很清晰，但是它的主要问题在于缺少可视化效果，也就是说，很难直观地感受到这些痛点。

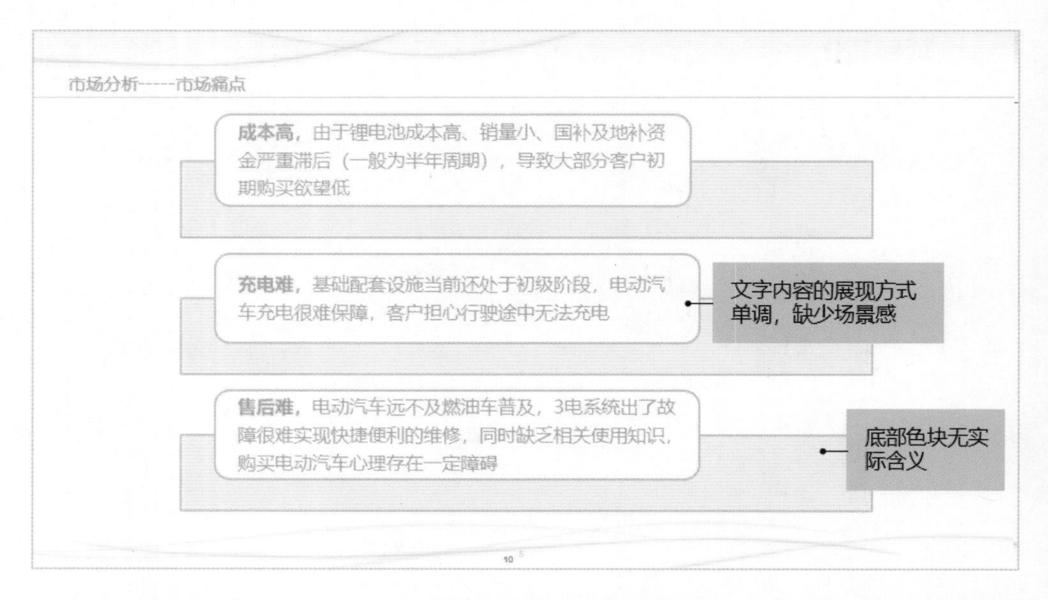

为了能够让观众产生共情，更加直观地感受到市场的痛点，最简单的方法是借助图片营造出一定的场景感。另外，为了能够更加清晰地体现出三个市场痛点，可以利用线条、放大字号、修改色彩等方法，增强对比，突出标题文案。

5.3　公司介绍

对于公司介绍类的PPT来说，因为它的主要作用是让别人进一步了解公司，所以，为了更完整地让别人产生认知，在内容准备方面，可以从人、事、物三个方面进行介绍——团队如何？做了哪些事情？有哪些产品？

另外，在视觉设计方面，应该与品牌形象保持一致，如果有可能，可以寻找专业的演示设计公司，定制企业的演示模板系统。

整体页面问题分析

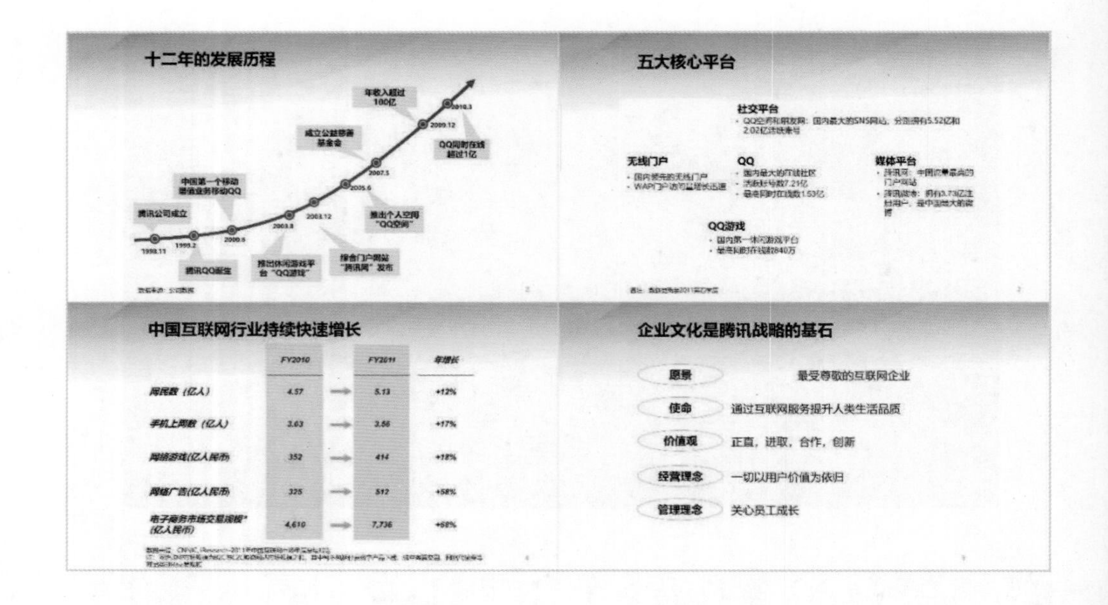

从视觉风格方面来看

- **色彩搭配**：页面色彩选择上有些许杂乱，页面上使用了与整体色彩风格差异较大的颜色，比如紫色、黄色等。
- **版式设计**：幻灯片的内容排版方式存在较大问题，很多页面的排版不规整，缺少对内容的基本排版处理。

整体页面修改思路

基于前面分析得出的相关问题，在修改优化方面，可以做出以下调整：

- 统一整体的色调。可以选择以腾讯为代表的蓝色调，不仅能够反映出商务风格，而且能够与品牌建立关联性。
- 统一整体的字体。可以选用腾讯出品的字体，从而强化品牌属性。
- 统一页面的版式布局。对页面的内容进行重新排版和整理，确保版面的美观。

修改后的整体风格如下：

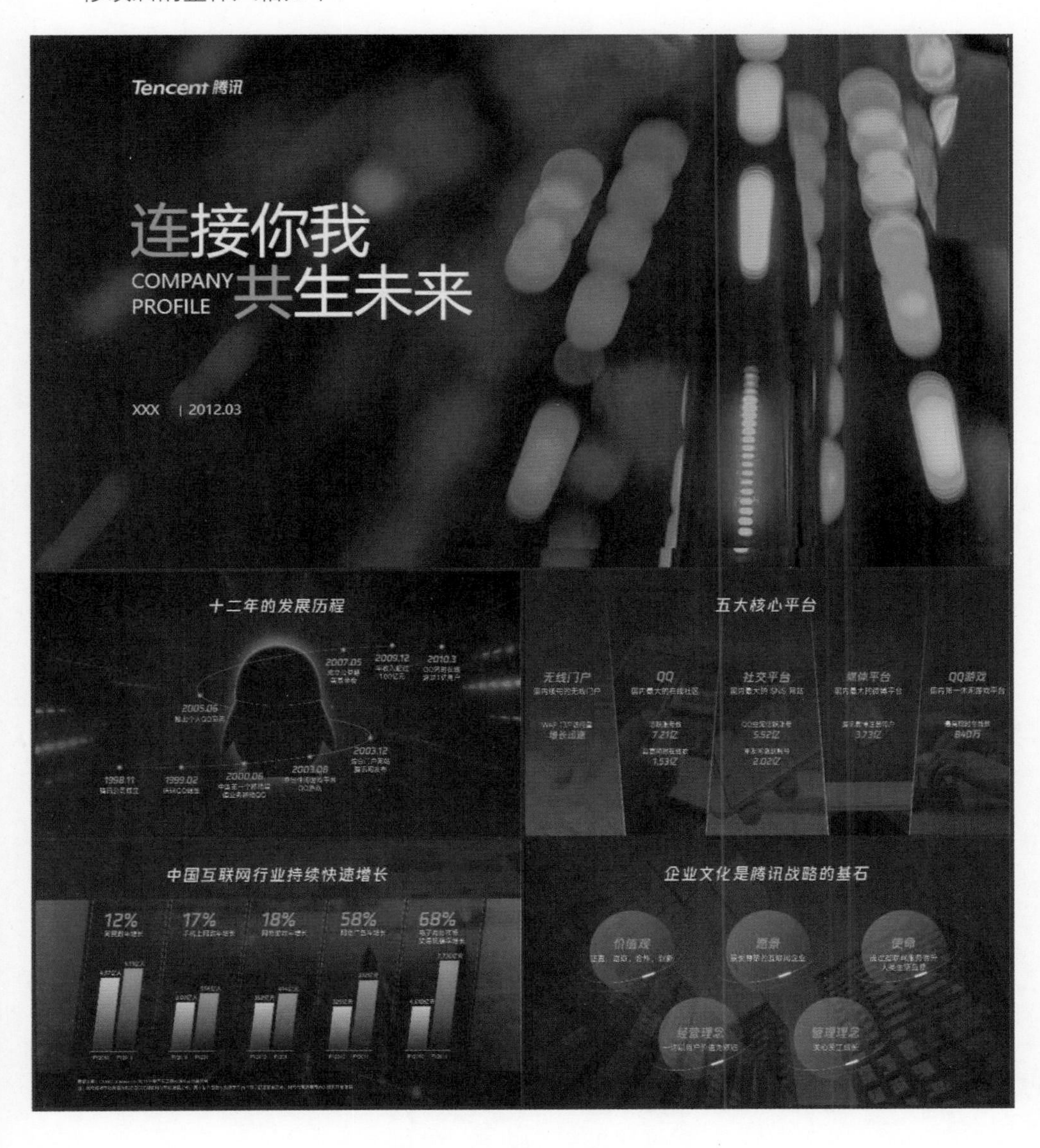
Tencent 腾讯
连接你我
COMPANY
PROFILE
共生未来
XXX | 2012.03
十二年的发展历程
2007.05
2009.12
2010.3
2005.06
2003.12
1998.11
1999.02
2000.06
2003.08
五大核心平台
无线门户
QQ
社交平台
媒体平台
QQ游戏
7.21亿
5.52亿
3.73亿
840万
1.53亿
2.02亿
中国互联网行业持续快速增长
12%
17%
18%
58%
68%
企业文化是腾讯战略的基石
价值观
愿景
使命
经营理念
管理理念

具体页面分析

封面页的设计

Tencent腾讯

腾讯公司介绍
连接你我 共生未来

2012.03

xxx

这是一份公司介绍型的PPT封面，主要分为三个部分，其中，时间和人名存在一定的关联性，在文案含义上应该属于同一部分，而标题则属于另一部分。但从页面排版来看，因为二者间距过大，导致时间和人名这一部分的内容关联性较小。而且，从文案的排版来看，内容也没有对齐。

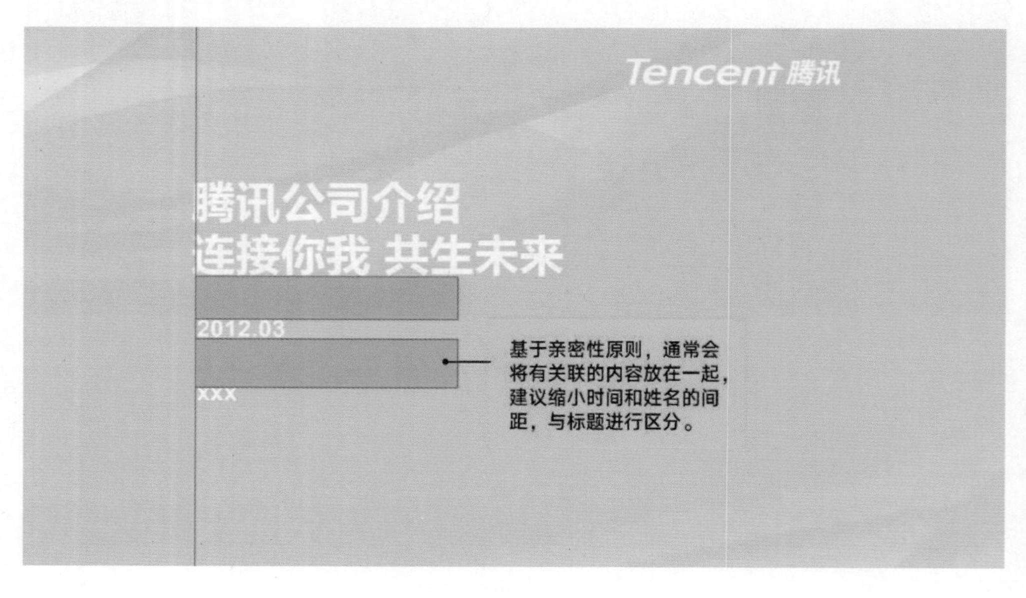

那么，应该如何解决呢？可以结合前面的内容，先来思考一下。

其实，只需遵循亲密性的原则，将有关联的内容放在一起即可。这就能够在很大程度上保证内容含义的完整性。另外，为了让页面的视觉效果更加丰富，可以考虑添加背景图片。

时间轴页面

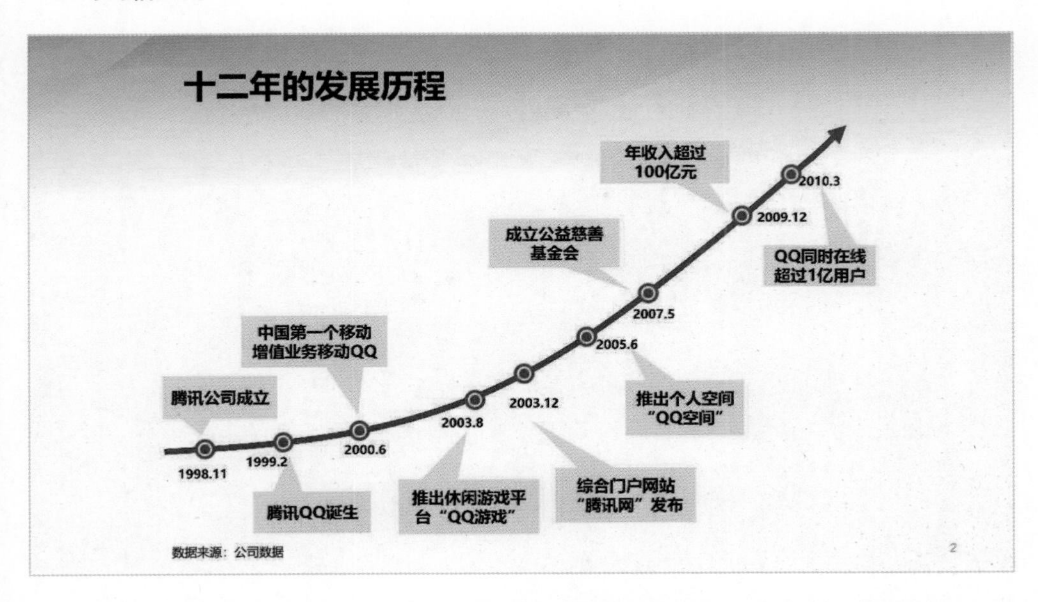

这是一张PPT的目录页，从页面版式来看，内容整体布局偏下，导致页面视觉重心偏

下，视觉失衡。另外，时间轴的线条颜色过于突兀，与整体视觉风格不协调。

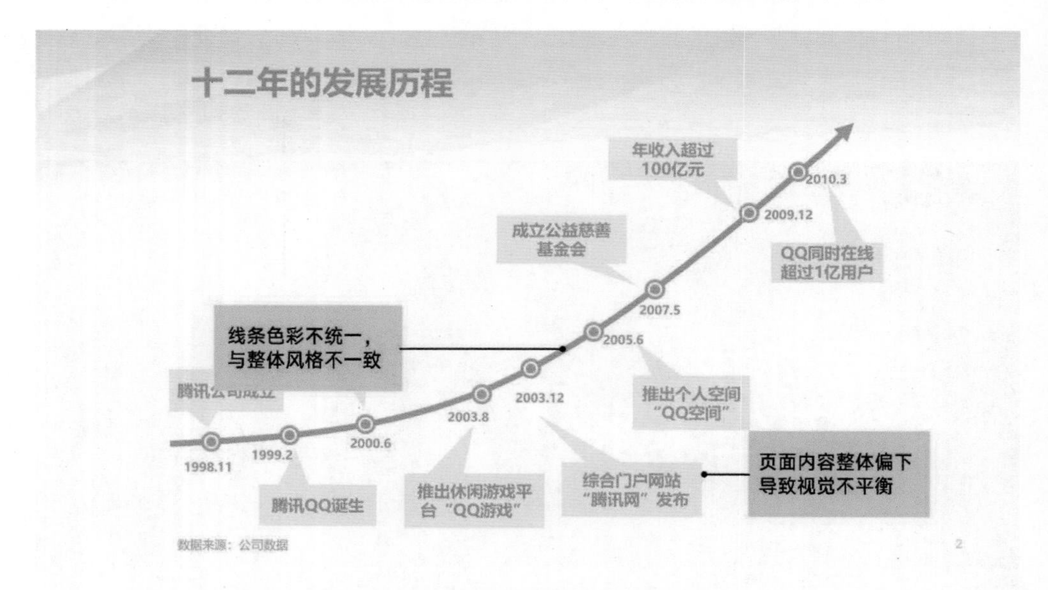

那么，应该如何去解决呢？可以结合前面的内容，先来思考一下。

对于目录页的排版，其实可以结合腾讯的主要元素——企鹅，并且借用线条，使之以弧线的形式呈现在页面上，这样不仅能够让时间轴的呈现形式更具创意，而且也能体现品牌形象。

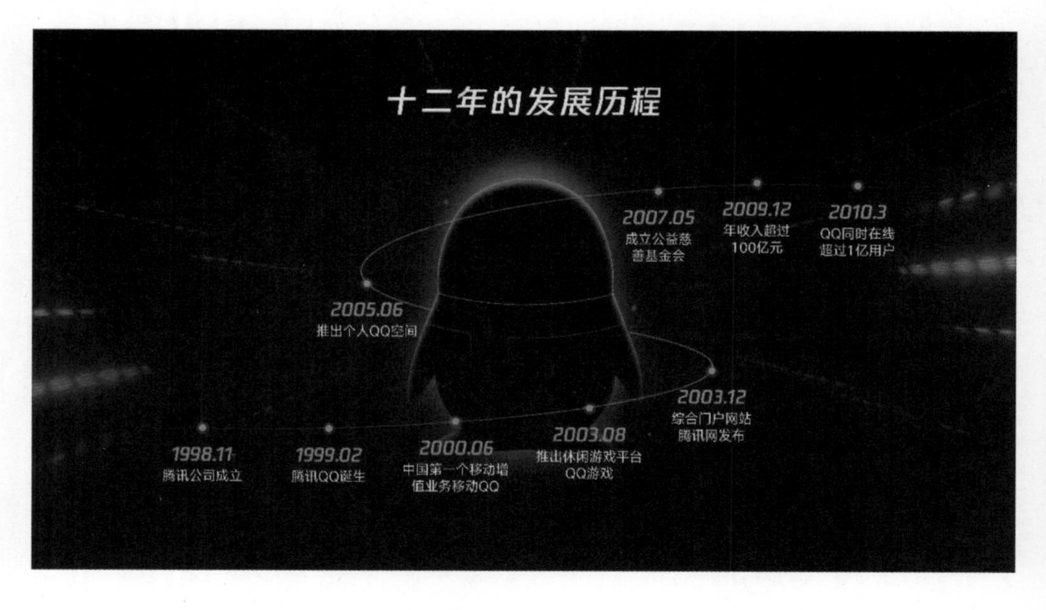

文字排版页面

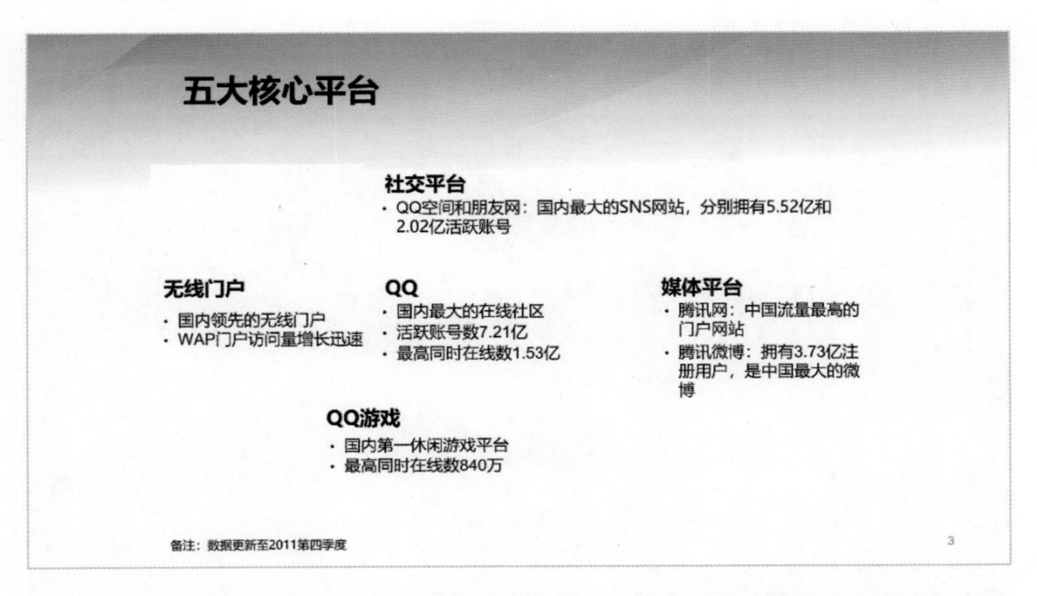

页面内容主要为五个核心业务平台的文字介绍，但从内容的排版来看，五段内容的摆放较为混乱，缺少一定的秩序，相信你也能够看得出来。

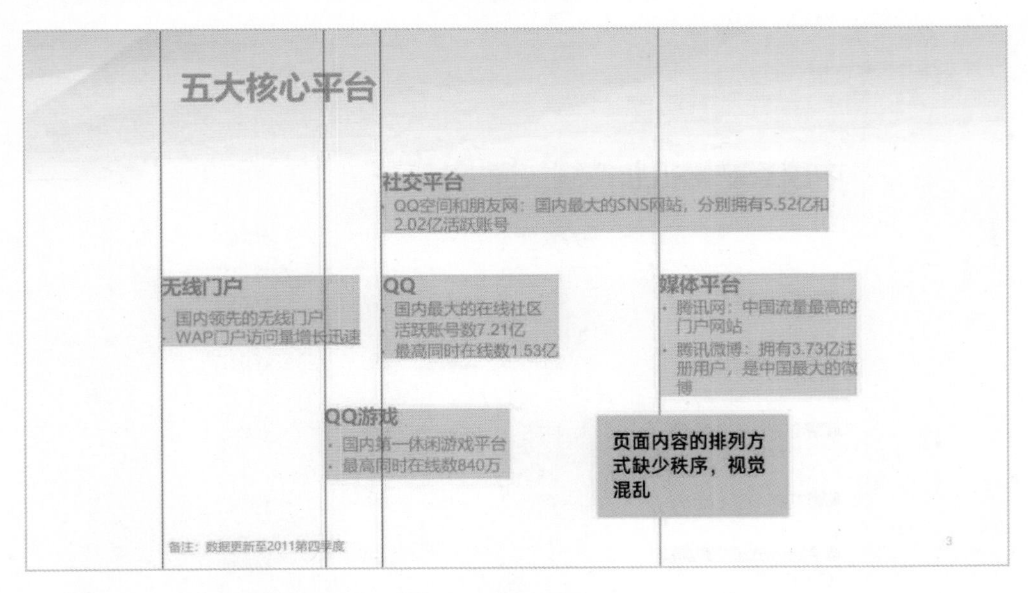

那么，应该如何去解决呢？可以结合前面的内容，先来思考一下。

其实，对于五段内容的排版而言，可以考虑从以下两个方面进行优化设计。

- 并列排版，将内容均匀地横向排列在页面上，让页面的文字内容排版更加整齐，视觉效果更加规整。
- 添加相应配图，从而更加直观地体现出五大核心平台的主要含义。

数据图表页面

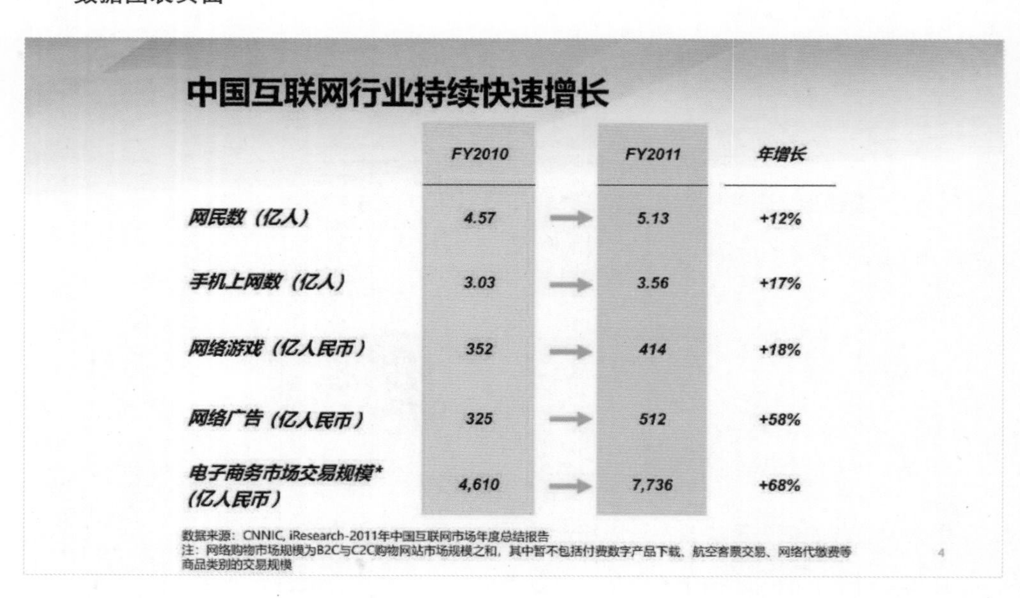

中国互联网行业持续快速增长

	FY2010		FY2011	年增长
网民数（亿人）	4.57	→	5.13	+12%
手机上网数（亿人）	3.03	→	3.56	+17%
网络游戏（亿人民币）	352	→	414	+18%
网络广告（亿人民币）	325	→	512	+58%
电子商务市场交易规模*（亿人民币）	4,610	→	7,736	+68%

数据来源：CNNIC, iResearch-2011年中国互联网市场年度总结报告
注：网络购物市场规模为B2C与C2C购物网站市场规模之和，其中暂不包括付费数字产品下载、航空客票交易、网络代缴费等商品类别的交易规模

4

这是一张体现数据变化的页面，但不得不说的是，页面采用数字的形式进行呈现，导致页面视觉形式不够直观，这是最大的问题。另外，当需要对数据进行对比时，建议将进行对比的两个数字放在同一列，目前来看，纵向的两列数据不存在可比性。

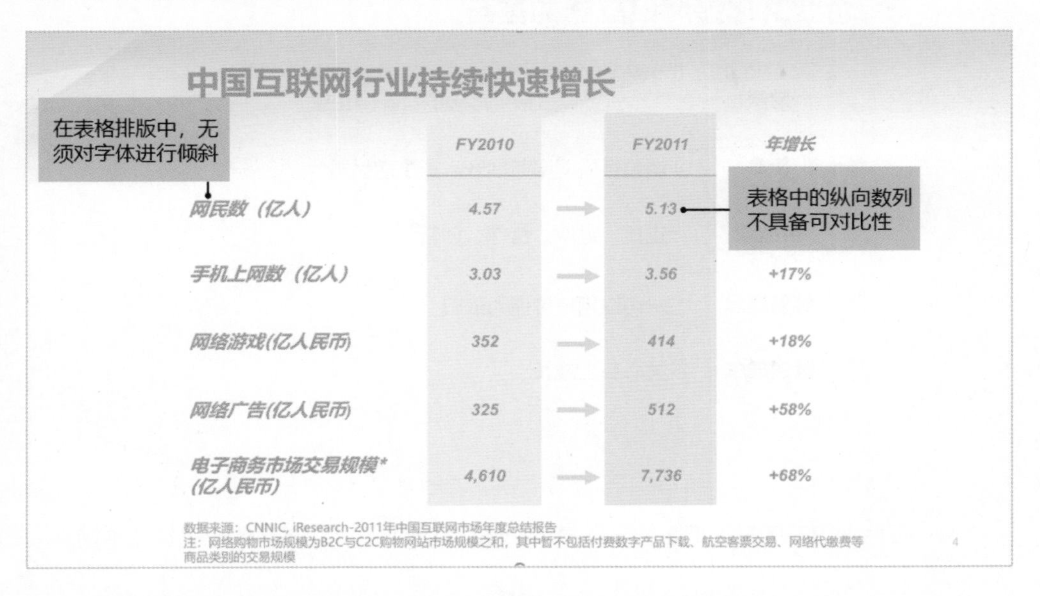

那么，应该如何去解决呢？可以结合前面的内容，先来思考一下。

将进行对比的数字组合在同一柱形图中，从而确保数据对比的准确性和直观性。

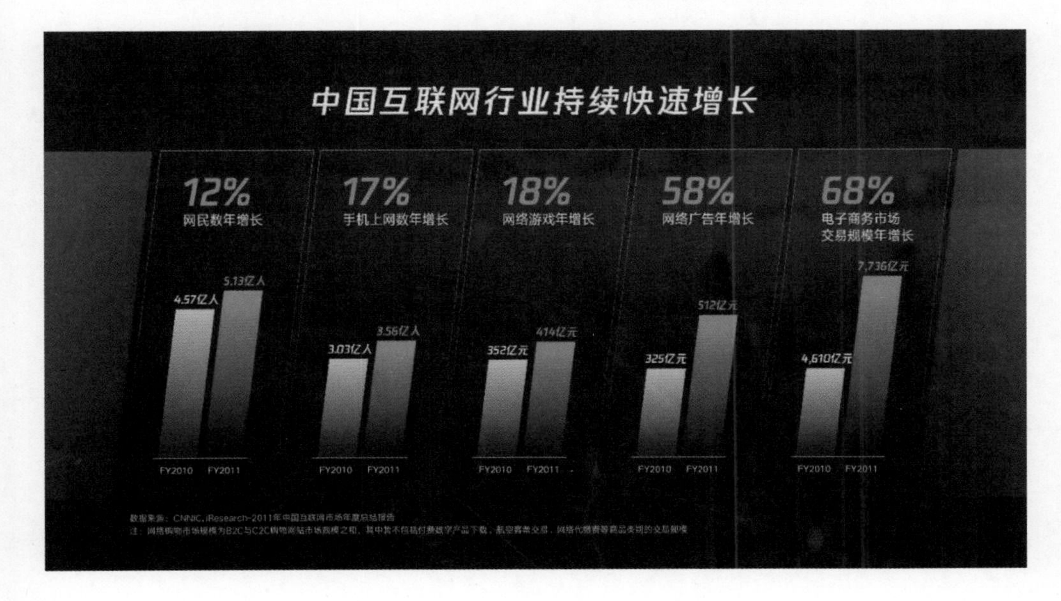

文字排版页面

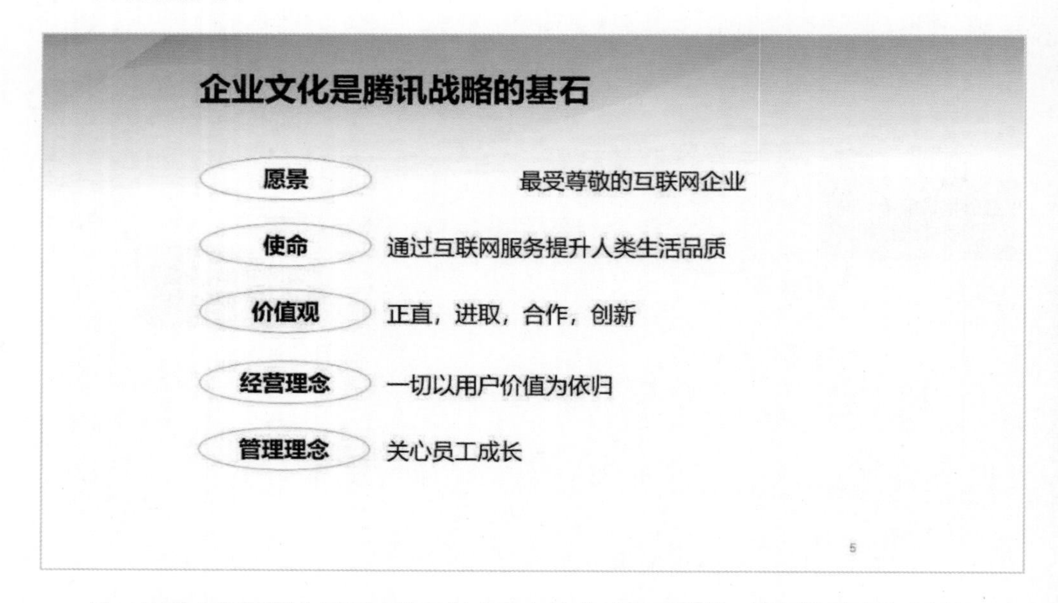

这一页的主要问题在于页面的五行文字未精准对齐，另外，排版的形式较为单调。

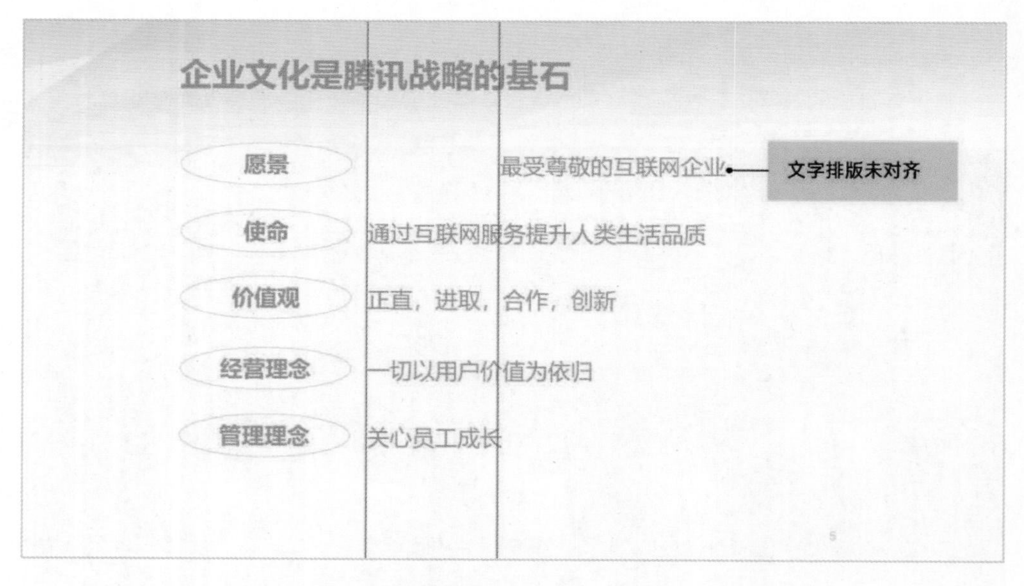

那么，应该如何去解决呢？可以结合前面的内容，先来思考一下。

对于五段文字的内容来说，可以考虑上三下二，或者是上二下三的排版形式，让其错落对齐，增强版面的节奏感。

5.4　学术课件

对于广大老师们来说，准备学术课件，几乎是每日必备的工作。

但大多数的学术课件，它们的问题就在于，把页面做成了文字板，甚至把一些课本上的文字，原封不动地照搬在了页面上，这样虽然省去了板书的麻烦，但是带来的副作用是，很难让学生们跟随老师的思路进行学习，从而缺少代入感。

所以，能够适量地使用动画进行讲解，是很有必要的。

另外，如果我们能够对页面内容进行图解，甚至是用一些真实的模型进行展示，也会让学术课件变得更加生动有趣。

整体页面问题分析

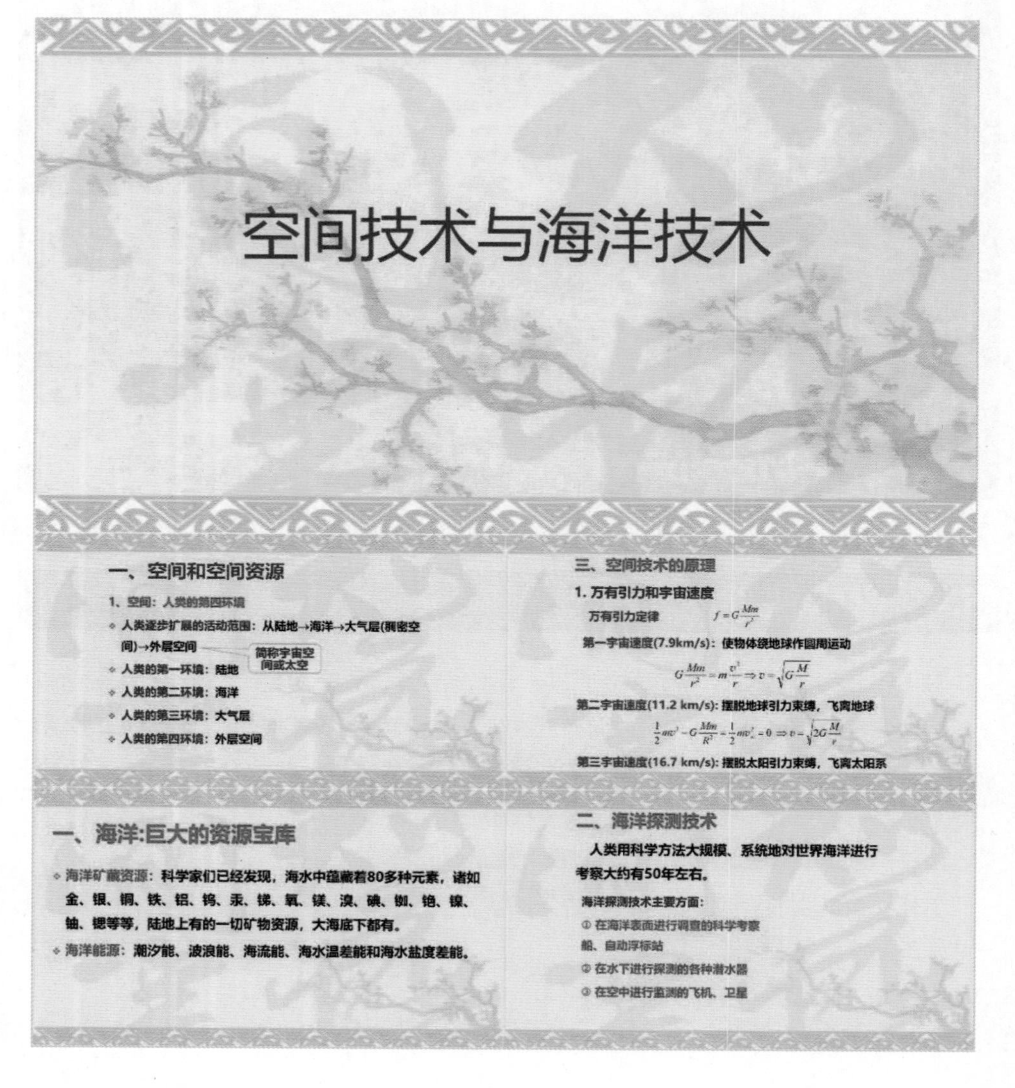

从视觉风格方面来看

这是一份关于“空间技术与海洋技术”的学术型课件，可以考虑呈现出一定的海洋感或空间感。但从目前来看，还没体现出这些感觉。

背景与色彩搭配：这是一份体现海洋和空间相关的课件，但却使用了一些比较古典的背景元素和色彩搭配，我相信，我们能很明显地感觉到风格搭配不恰当。另外，页面中使用的色彩过于杂乱，色彩风格也不统一。

而且，页面中出现了大量的文字内容，缺少一定的可视化呈现方式。

这是一些比较严重的问题。

整体页面修改思路

基于前面分析得出的相关问题，在修改优化方面，可以做出以下的重新设计。

优化幻灯片的整体色调，使之与空间和海洋建立一定的关联性。

增强页面的可视化效果，可以使用一些与内容有关的视觉元素，或者是一些可视化呈现形式。

修改后的整体风格如下：

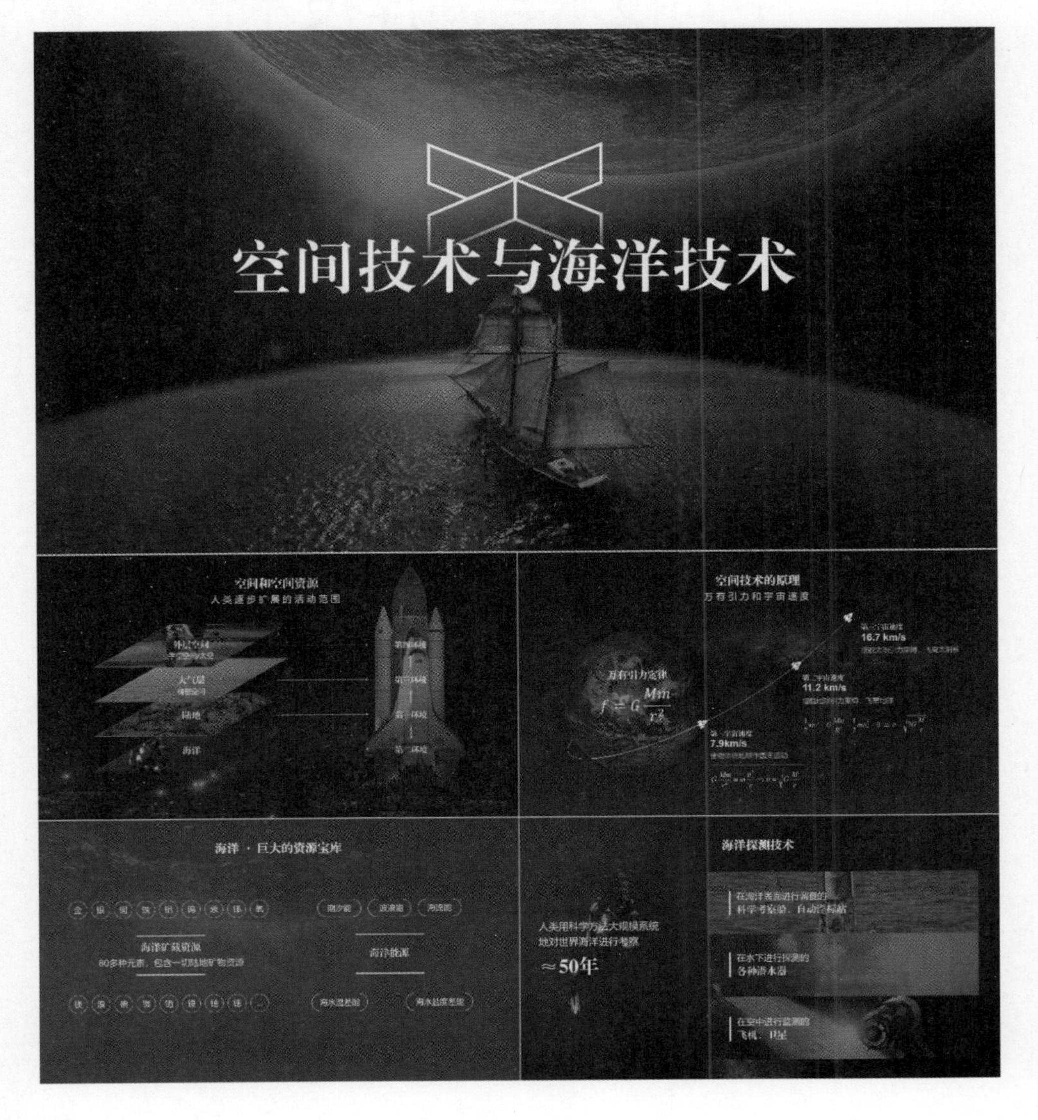

具体页面分析

封面页的设计

最大的问题就在于风格与内容不协调，且页面的呈现形式过于单调。相信咱们每一个人都能看到这个问题。

那么，应该如何去解决呢？可以结合前面的内容，先来思考一下。

使用与文案内容关联的图片元素作为背景，可以考虑选用海洋或者宇宙等素材，当然，如果你能擅用图像处理软件，可以考虑将二者进行合成，以此丰富页面的视觉效果。

层级关系页面

一、空间和空间资源

1、空间：人类的第四环境

- 人类逐步扩展的活动范围：陆地→海洋→大气层(稠密空间)→外层空间
- 人类的第一环境：陆地
- 人类的第二环境：海洋
- 人类的第三环境：大气层
- 人类的第四环境：外层空间

简称宇宙空间或太空

从内容来看，这是一张有层级关系的幻灯片，但最大的问题就在于，文案内容只是简单地将其罗列了出来，并没有将内容的层级关系表现出来。

一、空间和空间资源

1、空间：人类的第四环境

- 人类逐步扩展的活动范围：陆地→海洋→大气层(稠密空间)→外层空间
- 人类的第一环境：陆地
- 人类的第二环境：海洋
- 人类的第三环境：大气层
- 人类的第四环境：外层空间

未能呈现出内容之间的关联性

内容呈现方式较为单调

为了能够更好地体现出可视化效果，可以为“陆地”“海洋”“大气层”“外层空间”寻找相对应的配图，以此让页面变得更加生动形象。

另外，为了能够更清晰地呈现出内容之间的层级关系，可以将活动范围与相应的环境建立关联。

就像这样：

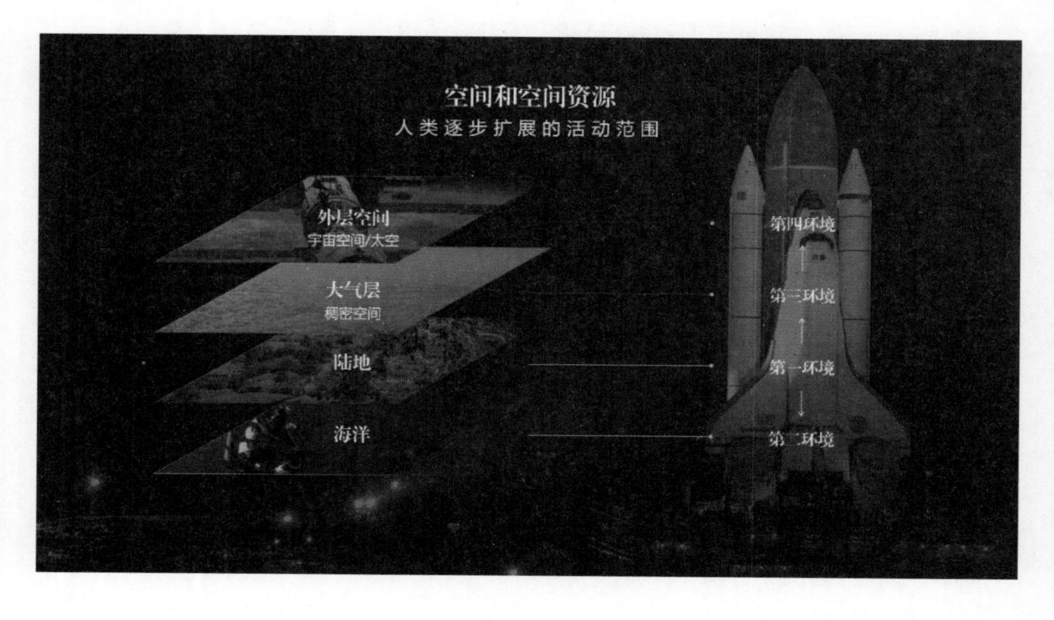

公式展示页面

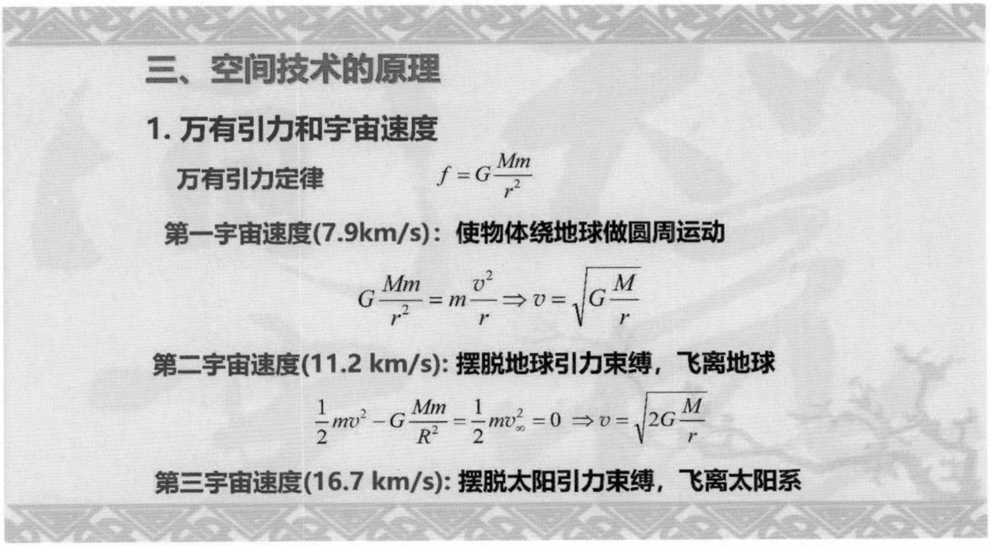

三、空间技术的原理

1. 万有引力和宇宙速度

万有引力定律 $f=G\frac{Mm}{r^2}$

第一宇宙速度(7.9km/s)：使物体绕地球做圆周运动

$$G\frac{Mm}{r^2}=m\frac{v^2}{r}\Rightarrow v=\sqrt{G\frac{M}{r}}$$

第二宇宙速度(11.2 km/s): 摆脱地球引力束缚，飞离地球

$$\frac{1}{2}mv^2-G\frac{Mm}{R^2}=\frac{1}{2}mv_\infty^2=0\Rightarrow v=\sqrt{2G\frac{M}{r}}$$

第三宇宙速度(16.7 km/s): 摆脱太阳引力束缚，飞离太阳系

从页面内容来看，主要分享了3个公式，原稿也只是简单地将它们罗列在了页面上，最大的问题还是在于缺少可视化效果。

另外，页面的色彩搭配较为杂乱也是一个问题。

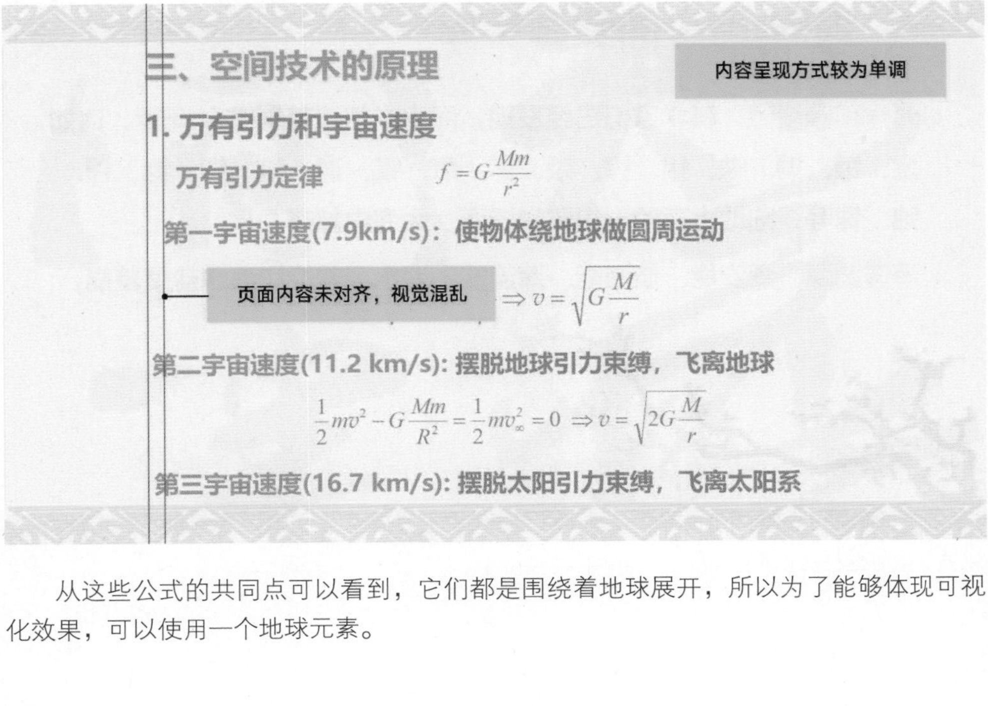

三、空间技术的原理

1. 万有引力和宇宙速度

万有引力定律 $f=G\frac{Mm}{r^2}$

第一宇宙速度(7.9km/s)：使物体绕地球做圆周运动

内容呈现方式较为单调

页面内容未对齐，视觉混乱

$\Rightarrow v=\sqrt{G\frac{M}{r}}$

第二宇宙速度(11.2 km/s): 摆脱地球引力束缚，飞离地球

$$\frac{1}{2}mv^2-G\frac{Mm}{R^2}=\frac{1}{2}mv_\infty^2=0\Rightarrow v=\sqrt{2G\frac{M}{r}}$$

第三宇宙速度(16.7 km/s): 摆脱太阳引力束缚，飞离太阳系

从这些公式的共同点可以看到，它们都是围绕着地球展开，所以为了能够体现可视化效果，可以使用一个地球元素。

并且，基于不同公式的内容，根据其距离位置，进行相应的内容摆放。

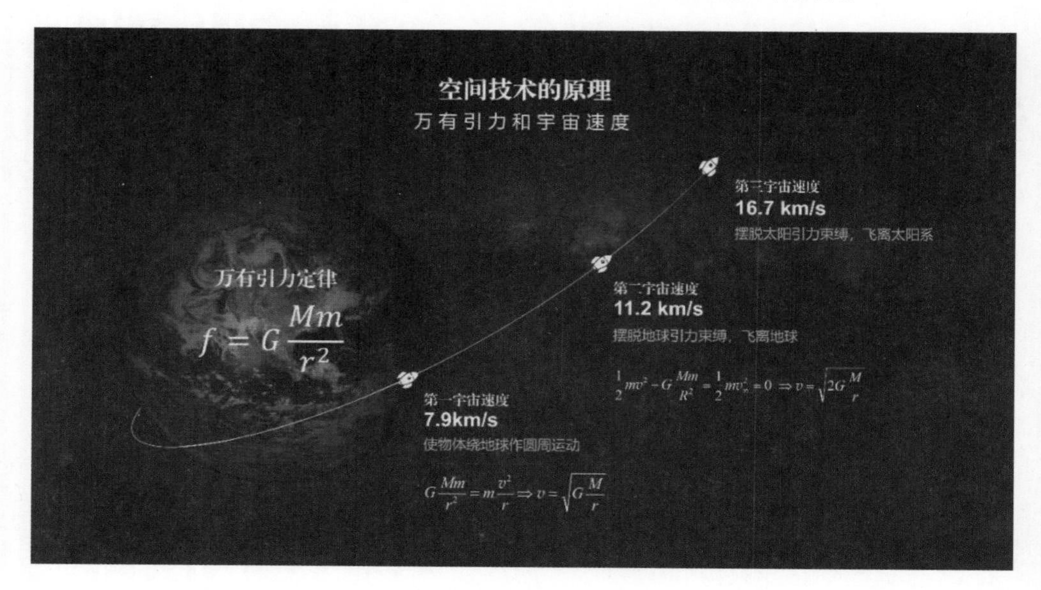

两段文字页面

一、海洋:巨大的资源宝库

❖ 海洋矿藏资源：科学家们已经发现，海水中蕴藏着80多种元素，诸如金、银、铜、铁、铝、钨、汞、锑、氧、镁、溴、碘、铷、铯、镍、铀、锶等，陆地上有的一切矿物资源，大海中都有。

❖ 海洋能源：潮汐能、波浪能、海流能、海水温差能和海水盐度差能。

这一页属于典型的纯文字内容展示，问题与上面的页面相似，也是缺少一定的可视化效果，仅仅是文字的堆积。

这样做的问题就在于，会严重降低页面的阅读体验。

一、海洋:巨大的资源宝库

- 海洋矿藏资源：科学家们已经发现，海水中蕴藏着80多种元素，诸如金、银、铜、铁、铝、钨、汞、锑、氧、镁、溴、碘、铷、铯、镍、铀、锶等，陆地上有的一切矿物资源，大海中都有。
- 海洋能源：潮汐能、波浪能、海流能、海水温差能和海水盐度差能。

内容呈现方式较为单调

从内容中可以看到，这两段内容其实是在列举各个资源的不同方面。

所以最简单的一种可视化方式，就是将这些不同的方面拆开，放置在资源项的周围即可。

列表内容页面

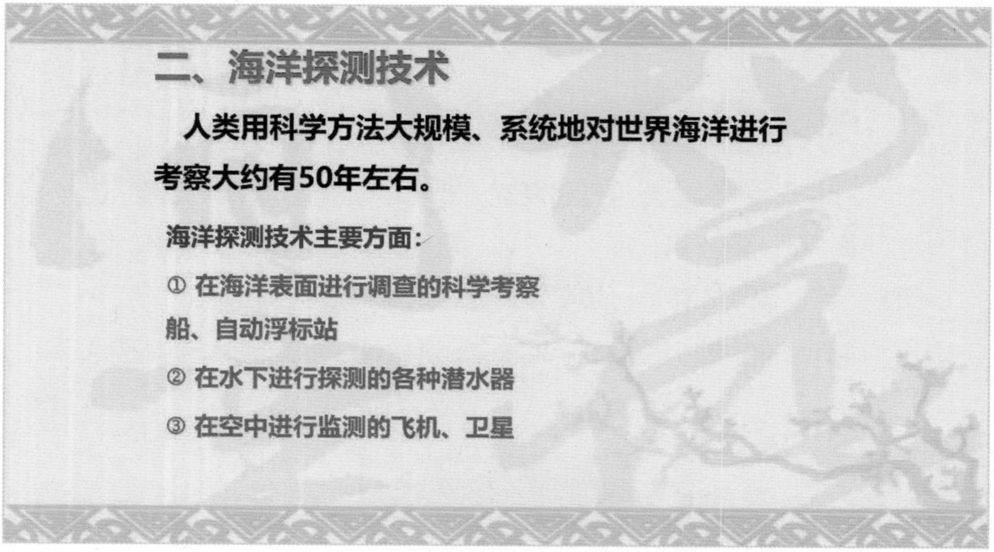
二、海洋探测技术
人类用科学方法大规模、系统地对世界海洋进行考察大约有50年左右。
海洋探测技术主要方面：
① 在海洋表面进行调查的科学考察船、自动浮标站
② 在水下进行探测的各种潜水器
③ 在空中进行监测的飞机、卫星

这一页主要讲了“海洋探测技术”的三个主要方面，属于典型的列表型内容。

但在文字内容的展示方面比较单调，仅仅是简单的条列式呈现。另外，在 PPT 页面上进行文段排版时，段首无须空格。

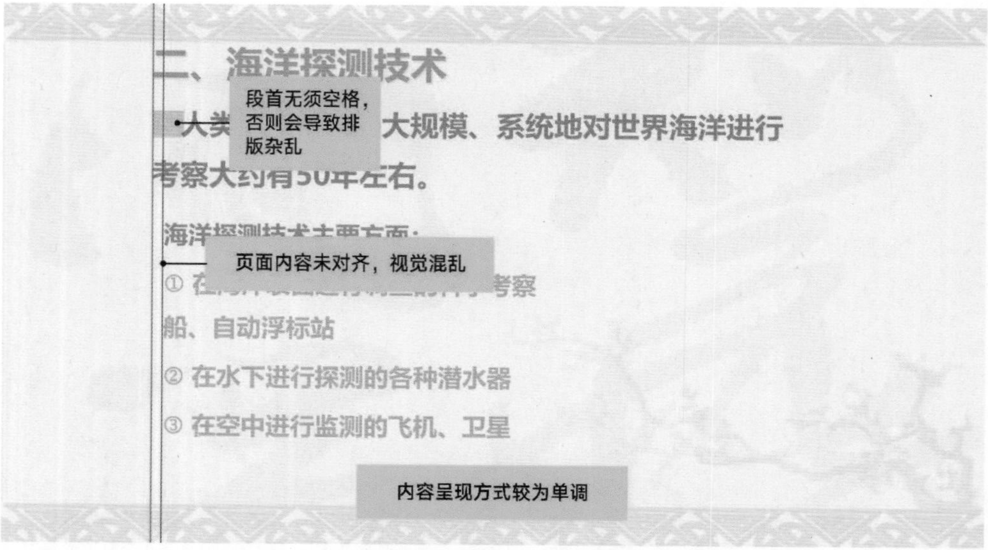
二、海洋探测技术
段首无须空格，否则会导致排版杂乱
大规模、系统地对世界海洋进行
海洋探测技术主要方面：
页面内容未对齐，视觉混乱
考察
船、自动浮标站
② 在水下进行探测的各种潜水器
③ 在空中进行监测的飞机、卫星
内容呈现方式较为单调

对于条列式内容，为了避免其视觉单调，可以为每一项内容寻找一张相关的配图，以此来丰富其可视化效果。

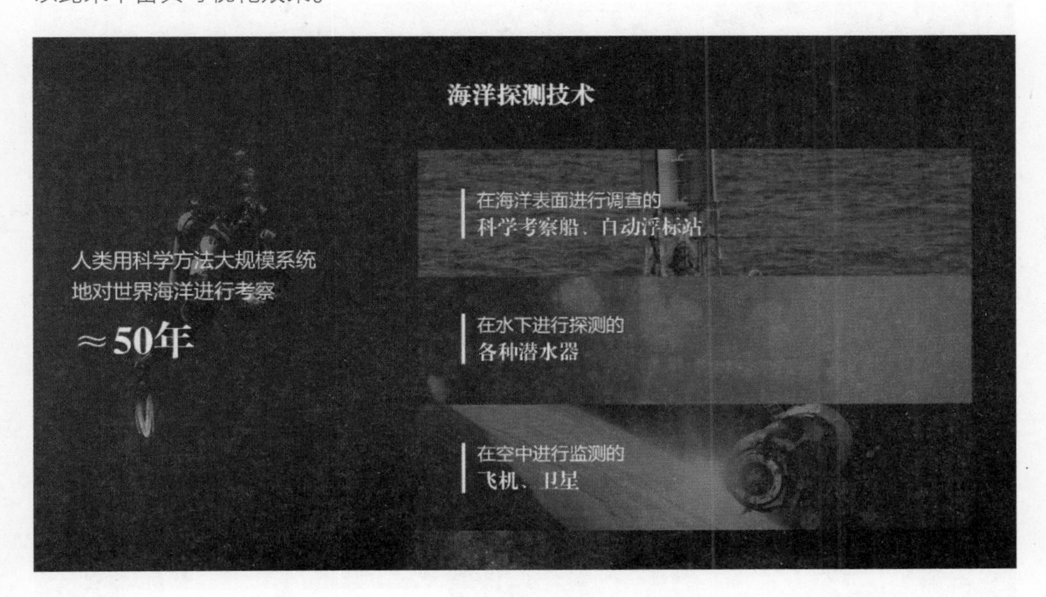

5.5　毕业答辩

几乎每一位大学生，都少不了制作毕业答辩PPT，因为这关乎自己的成绩。

我见过一些大学生制作的答辩PPT，恨不得把答辩论文原封不动地搬到PPT上，每一页PPT写上几百字，密密麻麻没有一点空隙。其实这完全没有必要，因为对于毕业答辩所使用的PPT而言，形式简洁，结论明确，以及PPT内容的叙述逻辑能够自洽即可。

还有一点，关于答辩PPT的色彩选择，这一点要视投影设备而定，没有固定的标准，如果是液晶显示屏，颜色没有限制，能够保持反差即可，如果是传统的投影仪，则尽量使用低明度的颜色。

整体页面问题分析

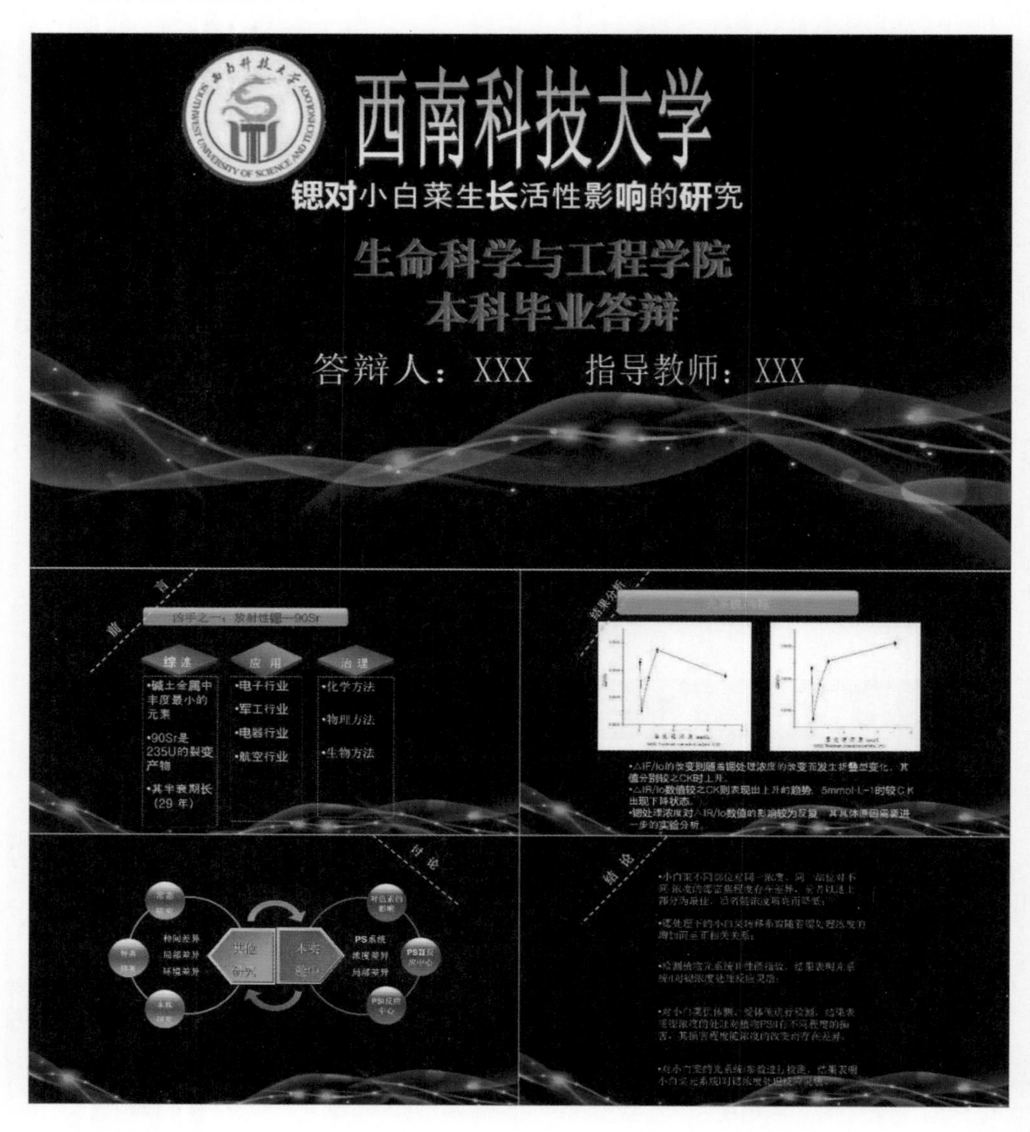

从视觉风格方面来看

- **色彩搭配：**整套幻灯片以深色背景为主，在色彩搭配方面较为混乱，缺少一定的规范性。
- **形状设计：**采用了有点过时的水晶立体风格，在形状上添加了大量的立体效果，但视觉效果有点土气。
- **版式设计：**在幻灯片的版式布局中，也缺少一定的统一性。

整体页面修改思路

基于前面分析得出的相关问题，在修改优化方面，可以做出以下的重新设计。

- **统一整体的色调**。可以围绕着内容的主题，选择合适的主色调，从内容来看，这是与生命科学相关的论文，所以可以考虑使用绿色，来更好地凸显内容主题的风格。
- **统一整体的字体**。老规矩，还是使用微软雅黑就行，能够体现出专业度。
- **统一页面的版式布局**。选用更加规整的页面布局形式即可，体现出版式设计的统一性。

修改后的整体风格如下：

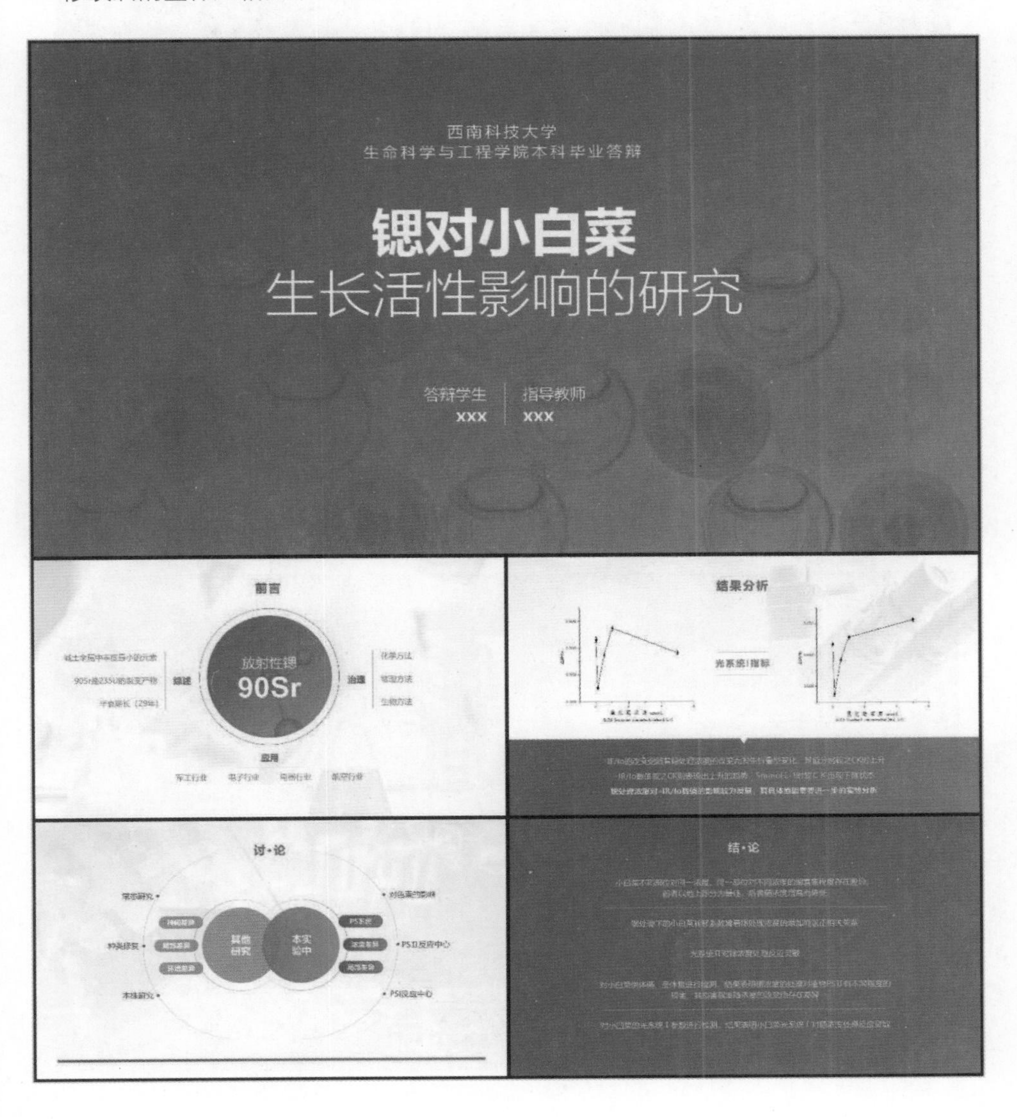

具体页面分析

封面页的设计

通过简单分析可以得出，封面中最重要的文案内容应该是“锶对小白菜生长活性影响的研究”，但原稿中，没有很好地将文案的层级关系清楚地体现出来，在设计上，违背内容的视觉层级关系。

这时就要调整文案的层级关系，把最重要的内容重点突显出来。

修改背景图的样式，将一些抽象的光效线条修改为与科学研究或实验相关的图片，从而展现出科学研究相关的场景。

三段文字排版页面

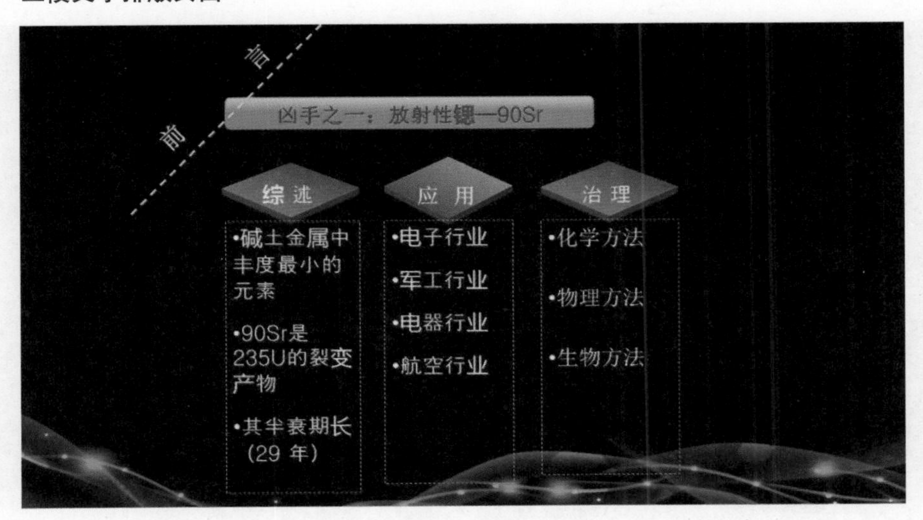

从内容分析可知，这一页主要围绕“Sr”，讲述了三个方面的内容。因为这三个方面的层级是一样的，所以，在文字排版时，可以考虑选用三种不同的色彩，或者三种相同的色彩。但是，一定不能出现其中两个标题的层级相同，另外一个有所不同，因为这会让别人误以为，我们想要重点突出“应用”这一方面的内容。另外，在内容的排版方面，为了能够体现出排版的一致性，要确保文字的间距是相同的。

前面已经分析了这一页主要围绕“Sr”来讲述关于它的三个方面内容，所以可以将它放在页面中心，将它的三个方面的内容围绕它，进行环绕布局。

在进行条列式内容排版时，注意文段之间的间距。

图表展示页面

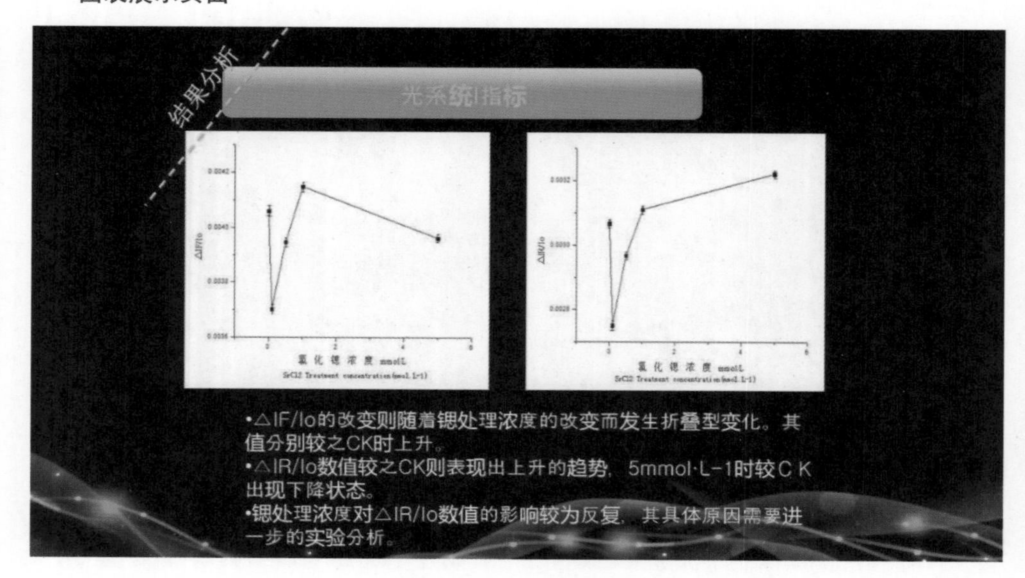

因为背景为深黑色，所以，将两张图表放在背景上，有一种非常突兀的感觉，与背景融合度不高。另外，底部的三条文字内容，在排版上过于偏下，当进行投影放映时，可能会带来的一个问题就是，后排的观众很难看清楚页面底部的内容具体是什么。

这时可以将页面的背景修改为浅色，并且利用PowerPoint软件中的“删除背景”功能，去除白色的背景，以此提升图表与背景的融合度。

将底部的文字内容行宽拉大，让原本的六行变为三行，从而留出较大的页底边距。

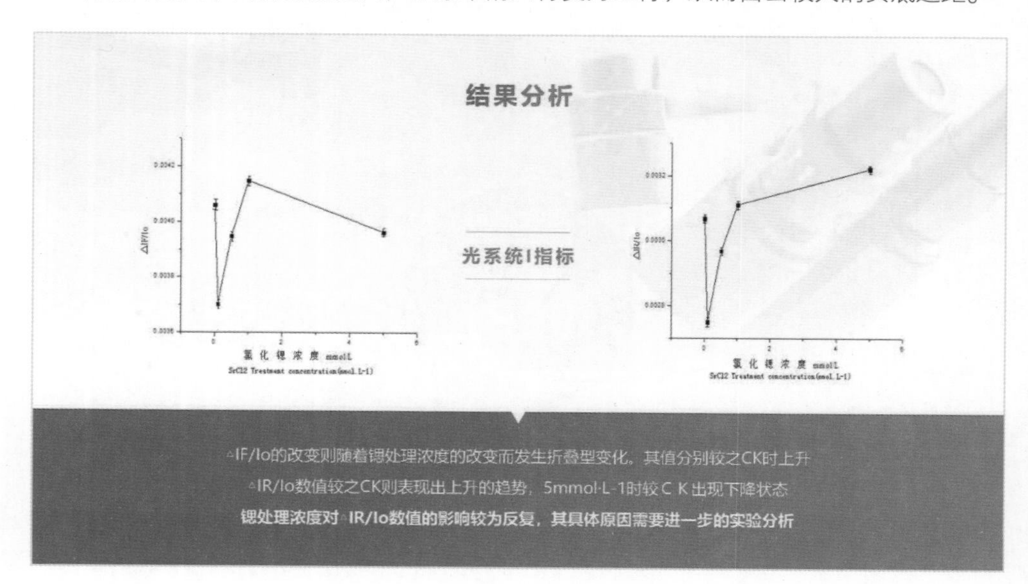

对比内容页面

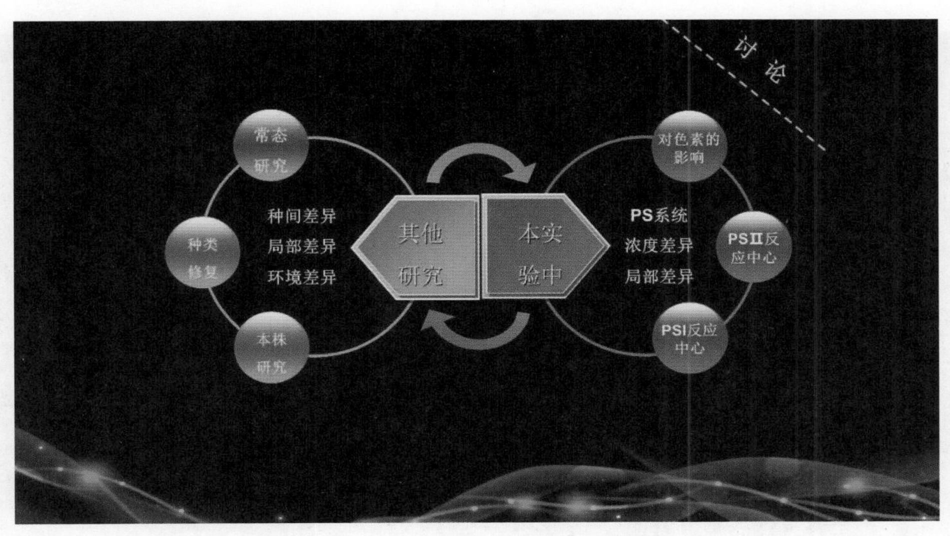

原稿的设计中，很好地体现了内容之间的对比关系，而且很清晰地展示出内容之间的逻辑关系。

但是有一点需要注意的是，通常来说，当进行内容对比时，为了着重体现重点项，会选用较亮的颜色，而为对比项搭配暗色或者浅灰色等。很明显，原稿中的色彩搭配存在一些问题。另外，因为这是两项实验的对比，它们之间并不存在相互促进的关系，所以可以考虑将箭头删除，以免引起歧义。

那么，应该如何去解决呢？可以结合前面的内容，先来思考一下。

在修改中，更多的是对内容的逻辑关系的重新绘制，删除箭头，修改对比图的色彩搭配。

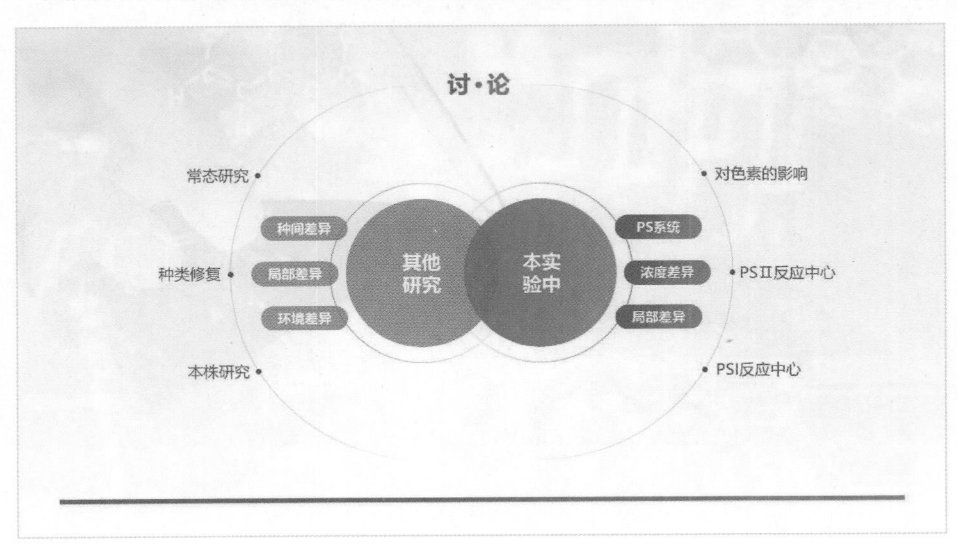

文段排列页面

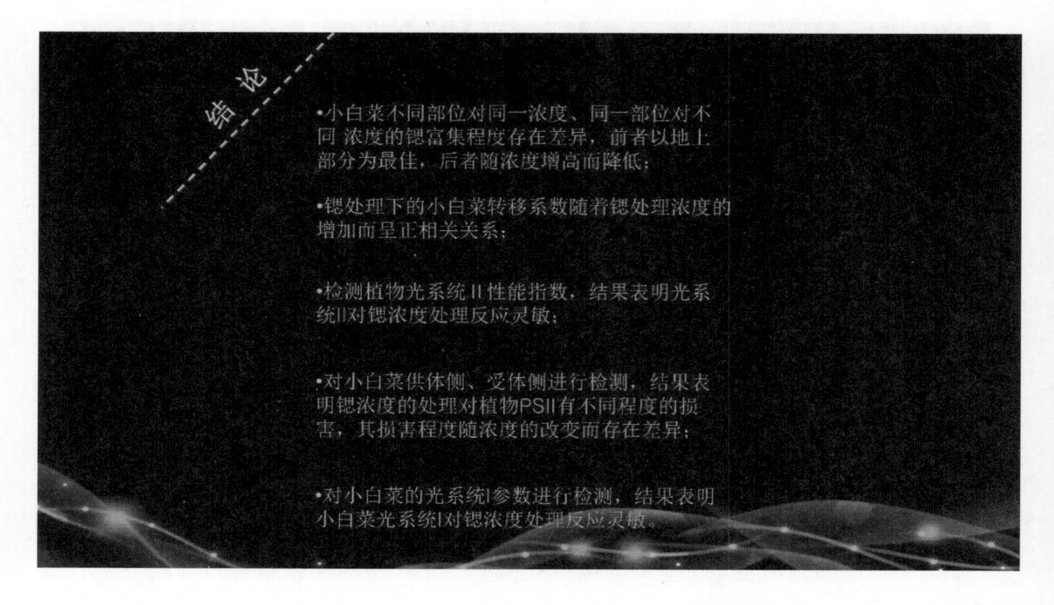

这一页的主要问题就在于排版过于简陋，而且，因为背景为纯黑色，所以整个页面显得有些单调。那么，应该如何去解决呢？

为了避免页面单调，可以借用一张背景图，从而让页面的视觉效果更加丰富。

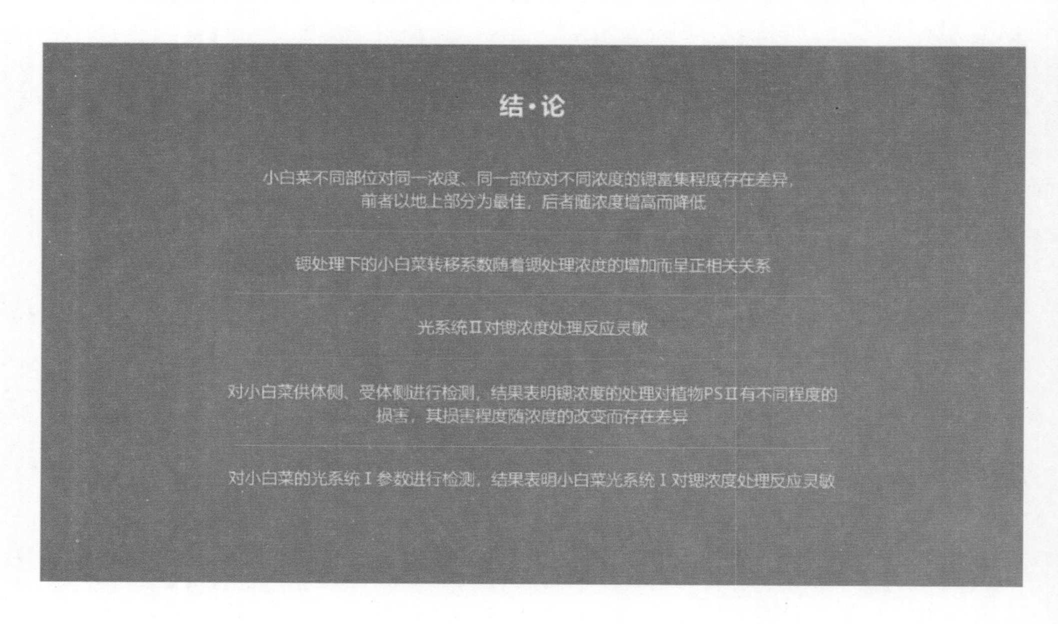

5.6 微课PPT

微课PPT是最近几年出现的一种演示形式，因为很多人在微信群之类的社群进行学习，所以才有了微课PPT这种形式。当在设计微课PPT时，很多人的一个误区在于，依旧遵循传统的屏幕尺寸进行设计，但其实，演示的媒介发生了变化，从投影仪变为了手机屏幕，所以，为了能够让学员清晰地看到页面的内容，基于“全屏式”呈现原则，微课PPT的页面尺寸，应尽量适应手机屏幕，也就是9：16，这一点需要大家注意。

整体页面问题分析

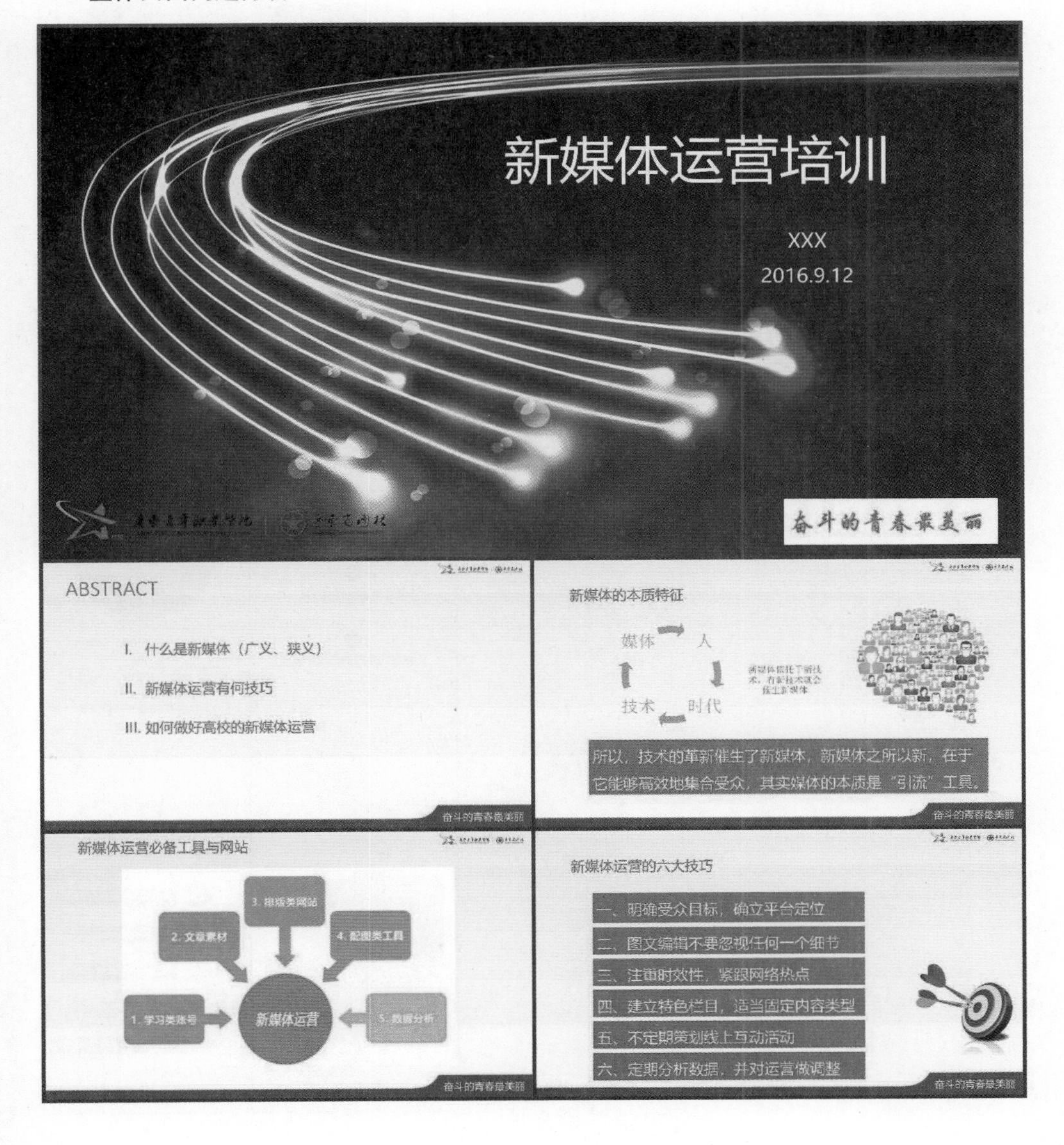

从视觉风格方面来看

- **色彩搭配：** 整体色调以蓝色为主，但因页面中使用了一些截图或其他色彩的图片素材，导致页面整体色彩风格稍显杂乱。
- **版式设计：** 页面版式设计中规中矩，没有特别明显的问题。

整体页面修改思路

因为整套 PPT 的定位是用作微课分享，它的主要使用场景是手机，所以，为了能够让 PPT 页面铺满整个手机屏幕，可以考虑将页面的尺寸设计为竖版，从而有更佳的观看体验。另外，对于页面上杂乱的色彩搭配问题，可以统一幻灯片的整体色调，确保其能够呈现出同一的视觉风格。

修改后的整体风格如右：

具体页面分析

封面页的设计

首先是封面的标题文案，明显没有对齐，也缺少一定的排版秩序，导致有些杂乱。

另外，页面左下角的Logo素材与底部的背景图片色彩过于接近，反差较小，导致图标看不清楚。还有页面右下角的口号（Slogan），采用红白搭配，与页面整体的视觉风格不协调。

其实无论对于横板还是竖版的PPT而言，所遵循的规律和方法都是一样的，可以延续左对齐的方式进行排列，确保文字排版的规整。另外，因为页面内容为培训相关，所以，在背景图片的选择上，可以考虑选用一张与培训相关的场景图片。

目录展示页面

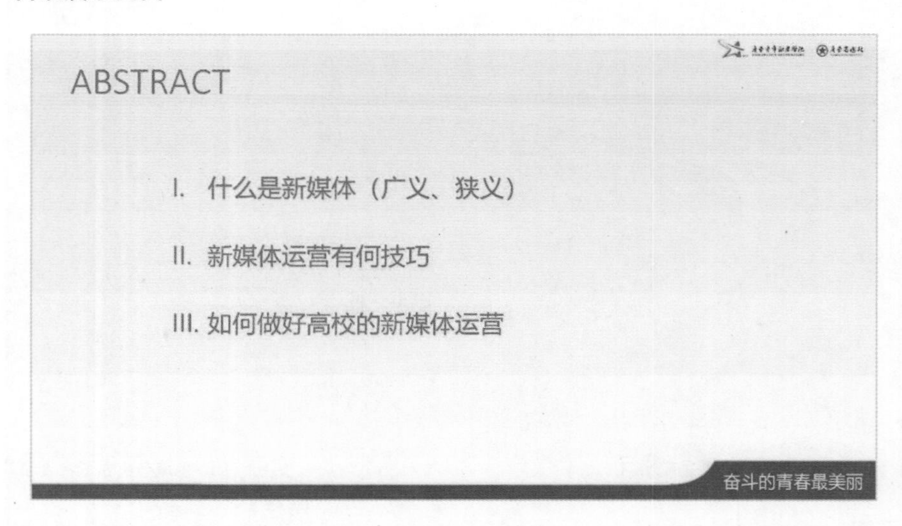

目录页的排版没有问题，不过，英文部分的“ABSTRACT”一般用于摘要，不适合目录，所以建议更改为“CONTENTS”。另外页面右上角的Logo过于接近页面边缘，在演示

放映时，容易溢出屏幕。

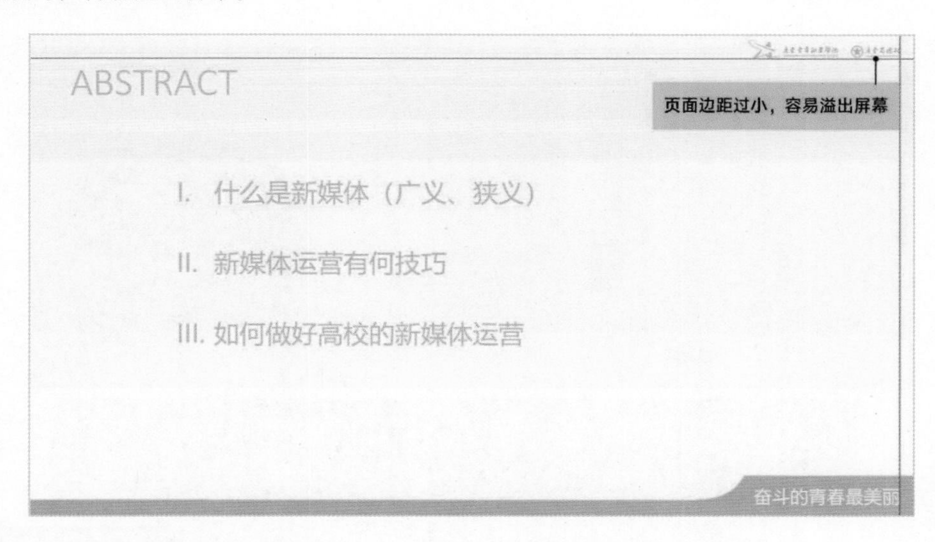

对于目录页的排版，只需保证各项内容的间距相同且结构清晰即可。

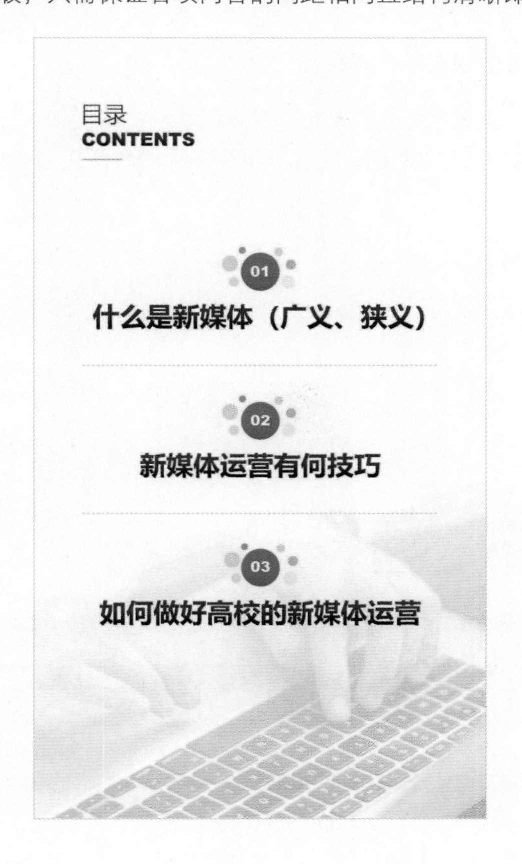

图文排版页面

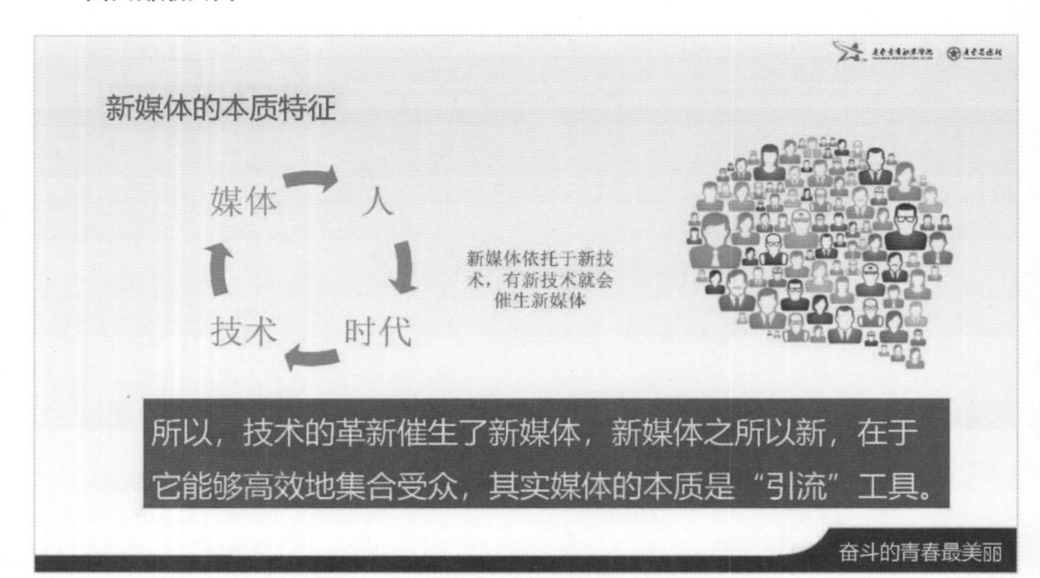

这一页的问题主要体现在两个方面：

- 页面循环图的连接方式过于散乱，不够紧凑。
- 文字内容与底部的形状间距过小，而且文字的行间距过大，这样导致排版过于分散。

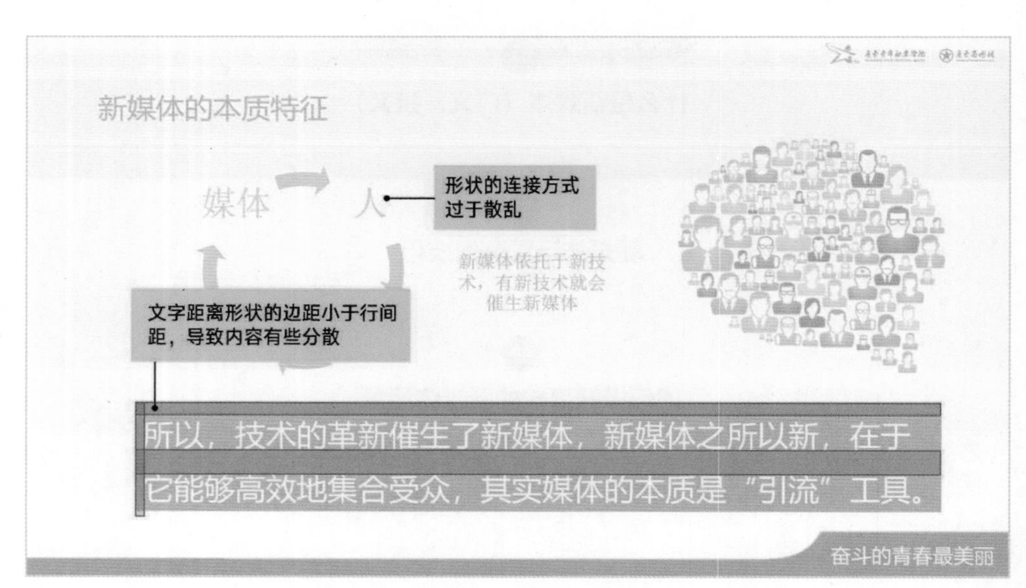

要解决以上问题只需将循环图的各个连接点处添加一个形状，即可让图形的形式更加紧凑。另外，当文字内容写在形状内部时，要确保文字与形状的边距，远大于文段的行间距。

新媒体的本质特征
SUBSTANTIVE CHARACTERISTICS

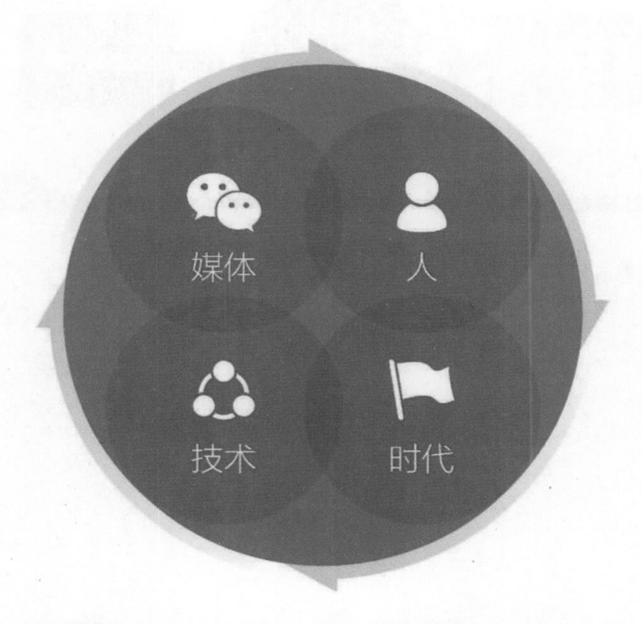

新媒体依托于新技术，有新技术就会催生新媒体

所以，技术的革新催生了新媒体，新媒体之所以新，在于它能够高效地集合受众，
其实媒体的本质是“引流”工具

数据展示页面

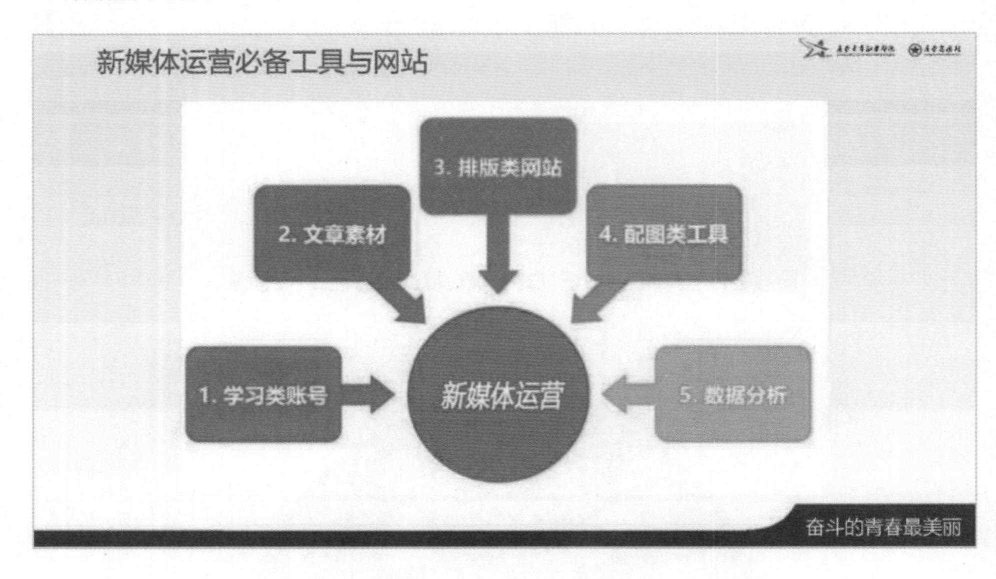

这一页的主要问题在于页面色彩与整体风格不协调，因为只是放上了一张截图，没有对图形的色彩进行优化。另外，页面标题的位置偏上，导致与其他页面的版式不统一。

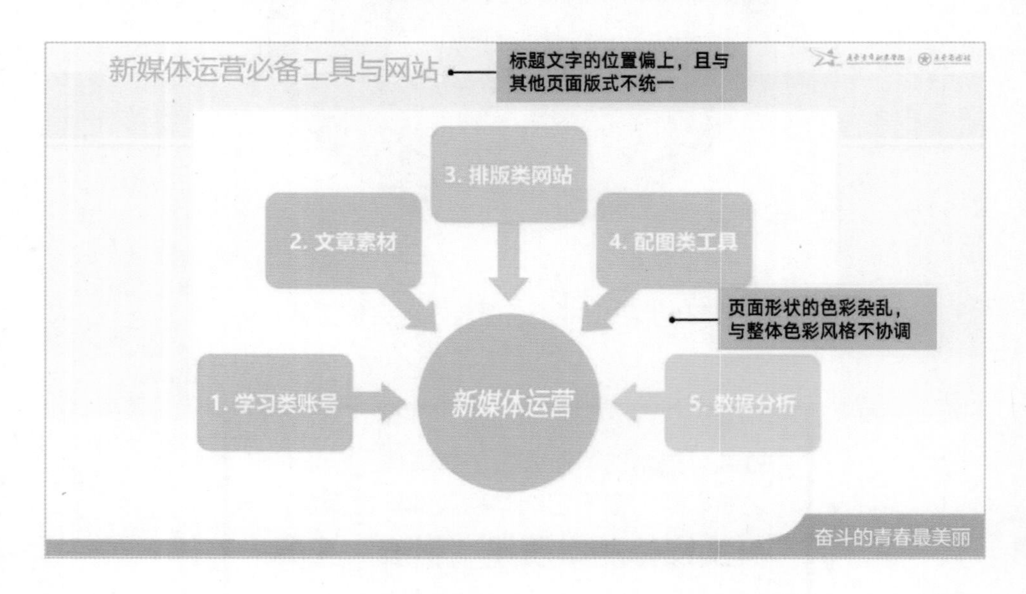

在图形的排列上，主要体现的是总分关系，所以，可以考虑对图形进行重新绘制，从而确保页面的视觉风格一致。

新媒体运营必备工具与网站
TOOLS & WEBSITES
学习类账号
文章素材
新媒体运营
排版类网站
配图类工具
数据分析

文字列表页面

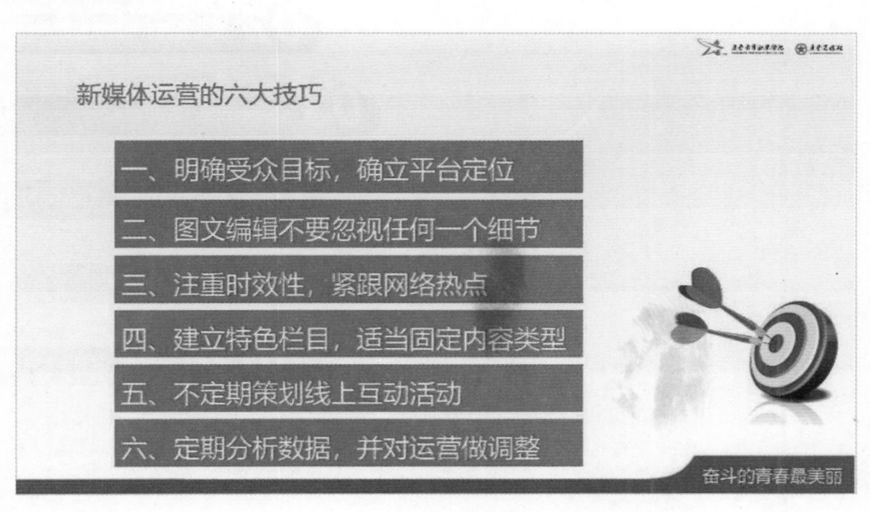
新媒体运营的六大技巧
一、明确受众目标，确立平台定位
二、图文编辑不要忽视任何一个细节
三、注重时效性，紧跟网络热点
四、建立特色栏目，适当固定内容类型
五、不定期策划线上互动活动
六、定期分析数据，并对运营做调整
奋斗的青春最美丽

这一页的主要问题出现在两个方面：

- 页面上出现了一个与文案内容关联不大的3D图标元素。
- 文字内容在形状内的位置偏下，导致文字距离形状的上下边距不相等。

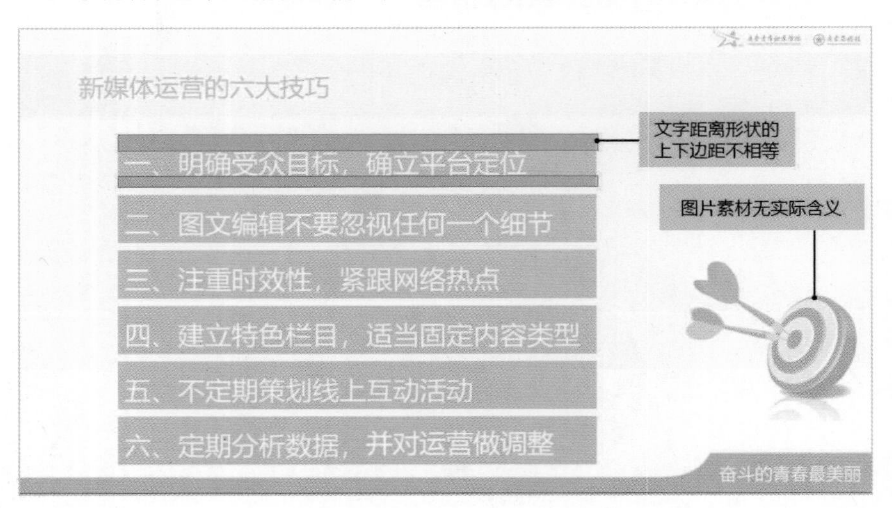

我们可以删除无关的元素，或者是更换一张与新媒体有关联的图片。另外，在文字和形状的位置关系上，注意文字距离形状的上下边距，保持相等。

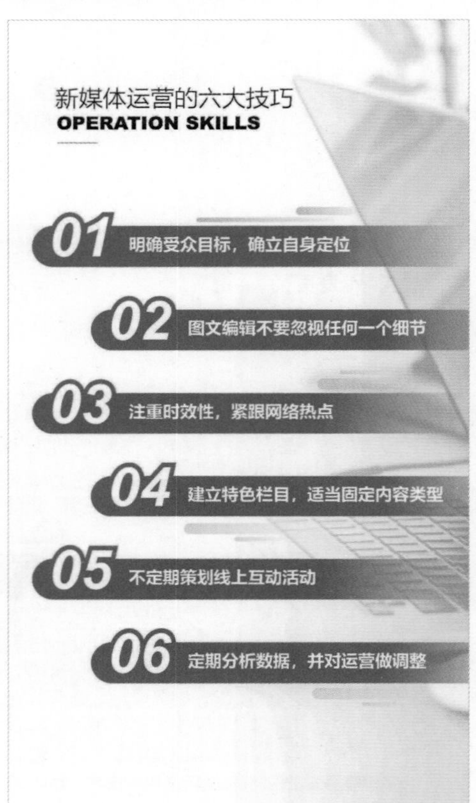